豇豆连作障碍防控技术研究与实践

◎ 瞿云明 等 编著

U0363581

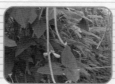

中国农业科学技术出版社

图书在版编目（CIP）数据

豇豆连作障碍防控技术研究与实践／瞿云明等编著 . —北京：中国农业科学技术出版社，2018.2

ISBN 978-7-5116-3511-2

Ⅰ.①豇… Ⅱ.①瞿… Ⅲ.①豇豆-连作障碍-研究 Ⅳ.①S643.4

中国版本图书馆 CIP 数据核字（2018）第 030424 号

责任编辑　史咏竹
责任校对　李向荣

出 版 者　中国农业科学技术出版社
　　　　　北京市中关村南大街 12 号　邮编：100081
电　　话　（010）82105169（编辑室）　（010）82109702（发行部）
　　　　　（010）82109709（读者服务部）
传　　真　（010）82106626
网　　址　http：//www.castp.cn
经 销 者　各地新华书店
印 刷 者　北京富泰印刷有限责任公司
开　　本　880mm×1 230mm　1/32
印　　张　4.125　彩插　3 面
字　　数　121 千字
版　　次　2018 年 2 月第 1 版　2018 年 2 月第 1 次印刷
定　　价　26.00 元

《豇豆连作障碍防控技术研究与实践》
编委会

主 编 著　瞿云明

副主编著　廖连美　陈　平　张伟梅

编著人员　瞿云明　廖连美　陈　平
　　　　　张伟梅　邱桂凤　丁潮洪

内容提要

　　豇豆是我国主栽蔬菜之一，因连作障碍而影响产业发展和农民增收。本书主要从土壤消毒、土壤修复、土壤次生盐渍化治理等方面，较为系统地总结分析了有关科技项目的试验研究成果，同时，书中还总结了 3 种防控豇豆连作障碍的轮作制度栽培模式；另外，较详细介绍了集成的"豇豆连作障碍消减关键技术"，最后，对成果的实践、成效作了回顾及展望。本书既有翔实的试验数据，又有一定的理论探讨，是一部较为系统介绍豇豆连作障碍防控技术的读本，具有实用性和先进性，可供豇豆种植者、农业生产管理者、科研人员等参考使用。

前　　言

　　豇豆是世界上主要的荚果类作物之一，在我国有悠久的栽培历史，是主要的豆类蔬菜和夏秋蔬菜淡季最主要的市场供应蔬菜品种之一，种植豇豆具有较好的经济效益和社会效益。

　　因适应性广、栽培容易、产量高、经济效益尚好等，农民乐于种植豇豆。然而，因连作导致土壤中有害微生物积累、土壤次生盐渍化及酸化、自毒作用等而产生连作障碍，且问题日益严重，造成农民经济损失大，已影响农业增效、农民增收。同时，连作环境下豇豆病虫害发生重，导致农药使用较频繁。浙江省丽水市是全国无公害豇豆生产的主要基地之一，豇豆是丽水市蔬菜的支柱产业，年豇豆种植面积4 000 hm²左右，年产量100 000 t左右。

　　为此，丽水市莲都区农业技术推广中心在丽水市莲都区科技局、丽水市莲都区农业局、丽水市农业科学研究院、浙江省种植业管理局、浙江省农业科学院等单位的支持下，于2010年开始，承担了"豇豆连作障碍治理关键技术应用和示范""C₄作物改良蔬菜土壤次生盐渍化技术研究与应用"2个科技课题，在土壤消毒、土壤修复、土壤次生盐渍化治理方面上进行了试验研究和在轮作制度的模式上开展了探索，最终形成了较为完善、具技术先进、方法简单、效果好、适用性强的"豇豆连作障碍消减关键技术"，并在丽水市推广应用，取得了明显成效。

　　为了更好地服务"三农"，促进豇豆产业的可持续发展，丽水市莲都区农业技术推广中心组织相关单位的专业技术人员，以试验研究成果为基础，编著了《豇豆连作障碍防控技术研究与实践》。全书较为系统地总结分析了有关试验研究成果，同时，书中还总结了 3 种防控豇豆连作障碍的轮作制度栽培模式；另外，较详细介绍了"豇豆连作障碍消减关键技术"，最后，对成果的实践、成效作了回顾及展望。该书既有翔实的试验数据，又有一定的理论探讨，是一部在豇豆连作障碍防控技术上的学术著作，具研究性和实用性，可供豇豆种植者、农业生产管理者、科研人员等参考使用。

本书编著得到了丽水市莲都区农业局、丽水市农业科学研究院等单位的鼎力支持，在出版过程中也得到中国农业科学技术出版社的大力支持和帮助，在此表示衷心的感谢！

然，因编著任务之繁重，要求之细致；虽，竭尽全力、日以继夜；祇以编著者水平之限，书中难免有不妥和疏误之处，敬请各位专家和读者斧正。

《豇豆连作障碍防控技术研究与实践》编著组

目 录

第一章 绪 论 …………………………………………… （1）
  第一节 豇豆生产概况 ……………………………… （1）
  第二节 豇豆特征特性、生长发育周期与环境条件 …… （14）
  第三节 蔬菜连作障碍的产生原因 ………………… （20）
  第四节 豇豆连作障碍的土传病害 ………………… （21）

第二章 豇豆连作障碍病害防控技术研究 ……………… （38）
  第一节 研究背景与主要研究内容 ………………… （38）
  第二节 土壤消毒剂防控豇豆土传病害的研究 ……… （39）
  第三节 土壤修复剂防控豇豆土传病害的研究 ……… （47）
  第四节 连作障碍土壤次生盐渍化防控技术研究 …… （52）
  第五节 防控豇豆连作障碍的农作制度研究 ………… （76）

第三章 豇豆连作障碍消减关键技术实践与成效 ……… （90）
  第一节 豇豆连作障碍消减关键技术集成 ………… （90）
  第二节 研究成果及评价 …………………………… （96）
  第三节 成果应用及获奖情况 ……………………… （103）

第四章 豇豆连作障碍防控技术的展望及思考 ………… （105）
  第一节 豇豆连作障碍防控技术的展望 …………… （105）
  第二节 豇豆连作障碍防控技术的思考 …………… （106）

附 录 ………………………………………………… （108）

主要参考文献 ………………………………………… （116）

第一章 绪 论

第一节 豇豆生产概况

一、豇豆在植物学上的地位及其分类

（一）豇豆在植物学上的地位

豇豆［*Vigna unguiculata*（L.）Walp.］属被子植物门（Angiospermae），双子叶植物纲（Dicotyledoneae），原始花被亚纲（Archichlamydeae），蔷薇目（Rosales），蔷薇亚目（Rosineae），豆科（Leguminosae），蝶形花亚科（Papilionideae），豇豆属（Vigna Savi）。

（二）豇豆分类

有关豇豆的植物学分类，不同的学者又有不同的分类方式，如李曙轩等[1]根据种子形状、颜色等将我国普通豇豆、短荚豇豆分为 11 类；王素[2]综合荚形和荚色将长豇豆分为 6 个品种群；1990 年出版的《中国农业百科全书·蔬菜卷》仍沿用荚色划分法[3]。但与我们栽培关系密切的、较为适用的植物学分类，主要是依据其荚的长短及荚在田间生产过程中具有上举或下垂特性予以分类。通常将豇豆分为短荚豇豆（*V. unguiculata* ssp. *cylindrica*）、普通豇豆（*V. unguiculata*. ssp. *unguiculata*）和长

豇豆（*V. unguiculata* ssp. *sesguipedalis*）3 个栽培亚种[4]，短荚豇豆又称眉豆、饭豆；普通豇豆亚种又称黑眼脐豆、短豇豆、打米豇豆、泼豇豆等；长豇豆又称豆角、长豆角、菜豆、腰豆、羹豆、带豆、裙带豆、小八豆等[2]。

1. 短荚豇豆

植株较矮小，多为半蔓生或攀缘，近直立；豆荚长 13 cm 以下，在花轴上向上生长，略坚实；种子小，为椭圆或圆柱形，百粒重 10 g 以下，粒色多为黄白色带红脐环或紫红色；荚和种子与野生豇豆相似；以收获干籽粒和饲草为主。在我国主要分布于云南、广西①等省区。

2. 普通豇豆

植株多为蔓生，也有匍匐型和直立型的；豆荚长不足 30 cm以下；初期嫩荚上举，后期下垂；成熟荚色分为黄白、黄橙、浅红、褐色和紫色五类型；种子为肾形。通常作为干籽粒用，是一种粮、菜、绿肥及饲料兼用的豆类作物；部分品种可以嫩荚作为蔬菜，在我国各地均有分布。

3. 长豇豆

茎蔓性，具缠绕性；豆荚长 20 cm 以上，下垂、皱缩、膨胀、稍肉厚；荚色分为白皮种（淡绿白）、青皮种、红皮种及斑纹种等多种类型。主要种子为肾形，粒色以褐色白脐居多。主要以嫩荚作为蔬菜，在我国大部分地方有栽培。

二、豇豆的起源及其分布

（一）豇豆的起源

关于豇豆的起源，因为它分布范围很广，对此，世界各国的

---

① 广西壮族自治区，全书简称广西

研究者有许多不同观点。Wight（1907）曾在印度、波斯发现有原始习性的豇豆，认为它是豇豆的野生类型，因此认为普通豇豆的原产地为印度及其北方里海南部地域；苏联学者瓦维洛夫（Н. И. Вавилов）（1935）也认为，豇豆起源于印度；Steele（1976）认为栽培豇豆的起源有 2 个中心，一是西非，一是印度次大陆[3]。Purseglove（1968）认为可能是热带非洲，因为在那里可以找到野生种，他还认为豇豆在早期是通过埃及和其他阿拉伯国家传至亚洲及地中海区域的；还有研究认为中国和印度是两个次生起源中心[4]；也有认为，野生豇豆的多样性中心在尼日利亚，栽培豇豆的驯化中心既可能是埃塞俄比亚，又可能是西非[5]。

但是，现在大多数认为豇豆起源于非洲，因为野生豇豆在非洲地区分布广泛，至于豇豆在非洲的起源地点具体位于何处尚不清楚。随着 DNA 分子标记技术发展，学者们采用不同 DNA 分子标记进行了研究，认为非洲东部地区是野生豇豆起源地，而非洲南部地区可能是野生豇豆的多样性中心。Coulibaly 等[6] 2002 年采用 AFLP 分子标记分析了 117 份豇豆材料，发现非洲地区野生豇豆比栽培豇豆的多样性水平高，推测非洲东部地区可能是野生豇豆的起源地。与此相类似的研究中，Ba 等[7] 2004 年通过对来自非洲东部、西部及南部地区的栽培豇豆和野生豇豆进行 RAPD 分子标记分析，也推测非洲东部可能是野生豇豆的起源地。这与较早时期，认为非洲埃塞俄比亚为豇豆的起源中心[8]的观点基本吻合。Ogunkanmi 等[9] 2008 年基于 SSR 分子标记分析非洲野生豇豆的遗传多样性，揭示出非洲南部地区野生豇豆的 PIC（Polymorphic information content，多态信息含量）较高，进而推测非洲南部地区可能是野生豇豆的多样性中心。

豇豆传入亚洲后，在中国与印度分别形成了长豇豆（*V. sesquipedalis*）与短（荚）豇豆（*V. cylindrica*）两个亚种，另

外有一个亚种为普通豇豆（*V. unguiculata*），故栽培豇豆共有 3
个亚种。中国是长豇豆的多样性中心与次生起源中心[5]。

（二）豇豆的分布

豇豆具有耐旱、耐热、耐贫瘠及适应性强的特性[10]，其被
广泛种植于亚热带、热带和部分温带地区[11]，2000 年全球豇豆
种植面积在 1 250 万 hm² 以上，年产量超过 300 万 t，其中，中西
非栽培面积超过全球种植面积的一半，其次是中美和南美、亚
洲、东非和南非；豇豆是世界上主要的荚果类作物之一，更是非
洲大部分地区最基本的豆类粮食作物[12]；也是我国、菲律宾、
印度等国家与地区的主要豆类蔬菜，是我国夏秋季节的重要食用
蔬菜之一[12-13]。豇豆在世界范围内种植广泛，主要种植区域位
于热带和亚热带的北纬35°和南纬30°之间，包括亚洲、大洋洲、
中东、欧洲南部、非洲、美国南部和中南美洲。主产国为尼日利
亚、尼日尔、埃塞俄比亚、突尼斯、中国、印度、菲律宾等。

豇豆在中国栽培历史悠久，在我国有关豇豆的记载，最早有
隋朝陆法言所著的《唐韵》（公元601年）在写道："豇、豇豆、
蔓生、白色"。豇豆传入中国估计已有 3 000年的历史，可以说
豇豆是中国古老的栽培蔬菜之一[4]。豇豆作为一年生蝶形花亚
科的缠绕藤本或直立草本植物，对土壤适应性强，只要排水良
好，结构疏松的土地均可栽植[14]。其适应性很广，可以较粗放
栽培，产量较高，且既可鲜食又可加工成干制品或腌制品等。在
中国除青海省和西藏①等高寒地区外均有豇豆种植，种植面积常
年维持在 33 万 hm²以上，主要产区为浙江、河北、河南、江苏、
安徽、四川、重庆、湖北、湖南、广西等省区市。浙江、河北、
河南、江苏、安徽、四川、重庆、湖北、湖南、广西等地每年栽
培面积超过 10 000 hm²，并形成了浙江省丽水市、江西省丰城

---

① 西藏自治区，全书简称西藏

市、湖北省武汉市双柳街道等面积超过 1 000 hm² 的大型专业化豇豆生产基地。豇豆每公顷产量以华北地区的北京、天津、河北、山西、内蒙古①等省区市最高，正常年份在 30 t 以上；其次为东北地区，接近 30 t；上海、江苏、浙江、安徽、福建、江西、山东、河南等地也在 20 t 以上。豇豆作为我国广大农村普遍栽培和消费者喜爱的蔬菜作物，常年栽培面积占蔬菜种植面积的 10% 左右。

三、豇豆的栽培价值

（一）营养价值

豇豆富含蛋白质、脂肪及淀粉；并含有较高含量的铁、磷、钙等矿物质，以及维生素 C 和 B 族维生素等维生素。根据化学检测证明，每 100 g 鲜豇豆中含热量 113 kJ，蛋白质 2.4 g，脂肪 0.2 g，碳水化合物 4 g，维生素 A 0.89 μg，维生素 B_1 0.09 mg，维生素 B_2 0.08 mg，烟酸 10 mg，维生素 C 9 mg，粗纤维 1.4 g，钙 53 mg，磷 63 mg，铁 1.0 mg[15]。番茄通常是人们认为是富于养分的蔬菜之一，但是与豇豆比较，豇豆高于番茄的营养成分有：蛋白质 2~3 倍，碳水化合物和热量 1.5 倍，磷 1~2 倍，胡萝卜素 2~3 倍，维生素 C 有的也比番茄高，其他养分二者不相上下[16]。所以，李时珍称"豇豆嫩时充菜，老则收子，此豆可菜、可果、可谷，备用最好，乃豆中之上品"。

豇豆作为是一种豆类蔬菜，因其豆荚肥厚、色泽嫩绿、极富营养价值且质脆而身软、味道鲜美而深受广大消费者喜爱。提供易于消化吸收的优质蛋白质，适量的碳水化合物及多种维生素、微量元素等，可补充人们机体的营养成分，具有较高营养价值。有"豆类蔬菜中的上品"[17]，"蔬菜中的肉类"美誉[18]。另外，

---

① 内蒙古自治区，全书简称内蒙古

中国传统医学认为，豇豆味甘，性质平和，有益气生津、调理消化系统、化湿补脾、补肾止泄的功效，对脾胃虚弱的人尤其适合。豇豆所含的维生素 B 能维持正常的消化腺分泌和胃肠道蠕动的功能，抑制胆碱酯酶活性，可帮助消化，增进食欲。所含的维生素 C 能促进抗体的合成，提高机体抗病毒的能力[19]。豇豆含有多种微量元素，能够使骨髓等造血组织增强造血功能，提高造血能力。同时，豇豆还具有显著的食疗保健作用和很高的药用价值，因此，豇豆不仅营养价值高，而且具有一定的药用功效，是颇具开发价值的豆类蔬菜之一。

（二）经济价值

豇豆是一古老的豆类作物，自新石器时代就开始栽培，古代非洲把豇豆作为粮食，却不知其豆荚也是一种鲜美的蔬菜[20]。传入亚洲后，豇豆的经济价值不断提高。如今，它既是粮食作物，又是蔬菜作物，还是饲料和绿肥作物。普通豇豆的籽粒含蛋白质 20%～25%，因此它是发展中国家，特别是非洲国家的重要粮食作物和蛋白质营养来源。豇豆的嫩荚、嫩豆粒和嫩茎叶均可作蔬菜。有些国家还将嫩荚加工制罐和速冻。短荚豇豆的种子既可供食用，亦可作饲料。在非洲还有以利用花梗上的纤维为栽培目的的豇豆。豇豆的种子可入药，有健胃补气、滋养消食的功能。

豇豆具有多种用途，且栽培较容易，大多数品种对日照长短不敏感，春、夏、秋季皆可种植，种植上不需要烦琐的整枝、绑蔓、点花等技术，生产成本相对较低。嫩荚和种子均为豇豆可供食用的部位，非洲国家主要栽培以食用种子为主的普通豇豆，而亚洲地区主要栽培以食用嫩荚为主的长豇豆。世界各国都把长豇豆的鲜荚作为蔬菜，作为重要的常规蔬菜品种之一；豇豆能耐 32 ℃的高温，又耐干旱，因次，在中国豇豆又成为夏秋蔬菜淡季最主要的市场供应蔬菜品种之一，它对克服夏秋淡季、平抑市场供应有着重要作用，其经济效益和社会效益十分显著。

豇豆春、夏、秋季皆可种植；每茬一般 3 个月左右，收益为 4 000~6 000元/667m²，高的接近9 000元/667m²，这对广大农村农民也是一个效益不错的农作物，同时深加工后还可以增加收入。

（三）生态价值

豇豆为深根系植物，有强大的主根和侧根，其根系上有共生的根瘤菌，根瘤菌在根瘤中能固定空气中的氮，为豇豆生长提供了部分能力氮素，从而减少了化肥的使用。豇豆作为一种固氮能力较强的豆科植物，每年可固氮 75~225 kg/hm²。同时，豇豆所固定的氮素随残株、残根大量存留在土壤中；其秸秆还可还田，增加土壤有机质，提高土壤肥力，实现生产的可持续发展。

四、丽水市豇豆的生产概况

丽水市地处浙江省西南、浙闽两省结合部，位于东经 118°41′~120°26′和北纬 27°25′~28°57′之间，东南与温州市接壤，西南与福建省宁德市、南平市毗邻，西北与衢州市相接，北部与金华市交界，东北与台州市相连。南北长约 150 km，东西宽约 160 km；辖莲都区，缙云、青田、云和、松阳、遂昌、庆元六县，景宁①一自治县，另代省管理龙泉市[21]。全市土地面积17 225 km²，其山地约占 90%，地貌类型多样，主要有盆地、丘陵、山地三大类型，但以山地为主，约占 90%，为省内山地面积最大的地级市。境内有瓯江、钱塘江、飞云江、椒江、闽江、赛江水系，被称为"六江之源"。是个"九山半水半分田"的山区。丽水市的植被保护良好，大气、水质、土壤、生物等生态环境要素受到的污染少，良好的自然生态环境，丰富的动植物

---

① 景宁畲族自治县，全书简称景宁

资源，复杂的植被类型，使丽水山区成为华东地区的"物种基因库""国家生态示范区"和"浙江绿谷"。良好的生态环境，成就了丽水市为全国豇豆无公害主要生产基地。

（一）丽水市豇豆生产的生态环境

1. 地形地貌

丽水市地质构造属我国华南的地槽褶皱系，处江山—绍兴断裂带以东，为浙闽隆起区组成部分；山脉属武夷山系，主要山脉有仙霞岭、洞宫山、括苍山，呈西南向东北走向，分别延伸西北部、西南部和东北部。地势由西南向东北倾斜，西南部以中山为主，间有低山、丘陵和山间谷地；东北部以低山为主，间有中山及河谷盆地。地形地貌总体特征：山脉与河流相间分布，大体呈南西—东北走向，切割明显，山峦起伏。海拔 1 000 m 以上的山峰有 3 573 座，1 500 m 以上的山峰 244 座，其中龙泉市凤阳山主峰黄茅尖的海拔 1 929 m，庆元县百山祖主峰雾林山的海拔 1 856.7 m，分别为江浙第一、第二高峰；最低处为青田县温溪镇，海拔 7 m。地貌类型多样，主要有盆地、丘陵、山地三大类型，但以山地为主，约占 90%，为浙江省内山地面积最大的地级市。

2. 河流水系

丽水市境内有瓯江、钱塘江、飞云江、椒江、闽江、赛江水系，被称为"六江之源"[22]。仙霞岭山脉是瓯江水系与钱塘江水系的分水岭，洞宫山山脉是瓯江水系与闽江、飞云江和赛江的分水岭，括苍山山脉是瓯江水系与椒江水系的分水岭。各河流因受地质构造运动的变迁和地形地势的控制，主干流呈脉状分布，溪流纵横，源短流急，两侧悬崖峭壁，河床切割较深，纵向比降较大，水位受雨水影响暴涨暴落，属山溪性河流，因落差大，蕴藏了丰富的水力资源。瓯江是最主要的水系，为丽水市内第一大江，浙江省内第二大江，其发源于庆元县与龙泉市交界的洞宫山锅帽尖西北麓，自西向东蜿蜒过境，干流长 388 km，丽水市境内长 316 km，流域面积 12 985.5 km²，约占全市总面积的 78%。瓯江上游的龙泉溪建有紧水滩电站水库即仙宫湖，面积 43.6 km²，是丽水市境域最大的人工湖泊；瓯江中游的大溪建有开潭电站水库即南明湖，面积 5.6 km²，相当于杭州西湖水域面积；瓯江支流小溪中游河段建有滩坑电站水库即千峡湖，为丽水市内第一、浙江省内第二大的人工湖泊，日常拥有库区水域 71 km²，水库总库容 41.5 亿 m³。

3. 气候特征

丽水市属中亚热带季风气候区，具有明显的盆地气候特征。极端最高气温 43.2 ℃，最低 -13.1 ℃，年日照时数 1 712~1 825 h，年无霜期 180~280 d。年降水量 1 400~1 598.9 mm，大体上为南部、西南部多，中部、北部少，一年中 80% 的降水出现在 3~9 月，但主要降水集中在 5—6 月的梅雨和 8—9 月的台风雨；冬季降水量偏少。气候总体特点具"热量丰富、冬季温和春暖早、降水充足、无霜期长，静风频率高"之特点，稳定通过 10 ℃ 的初日比金华市、台州市黄岩区及杭嘉湖平原早。因丘陵山地多、地形复杂、海拔高度相差悬殊等因素，呈现"低层温暖湿润、中层温和湿润、高层温凉湿润"规律性垂直气候变化的季风山地气候；同时，由阴坡、阳坡、峡谷、山脊、马蹄形等小地形所形成的多种多样的山地立体小气候。其光、热、水的组合都各有特点，为多类型、多层次、多品种的植物孕育及生长提供了良好场所。

4. 土地资源

丽水市土地总面积 17 225 km²。地貌以地表形态可分为盆地、丘陵、山地三大类。盆地约 700 km²，丘陵约 1 350 km²，山地约15 100 km^2；以海拔高度分，250 m以下约2 300 km^2；250~500 m约4 670 km^2；500~800 m约5 080 km^2；800 m以上约5 170 km^2。山地约占全市土地面积的90%，耕地占5.5%，是个"九山半水半分田"的山区。

5. 土 壤

丽水市土壤分布因海拔高度、成土自然条件的不同，因水热条件的较大差异而呈规律性分布。海拔700 m以上的中低山地带，铁钴氧化物水化，土壤呈黄色，形成黄壤类土壤；海拔700 m以下的低山丘陵地区，氧化铁以膜状分布于土壤表面，土壤呈红色，形成红壤类土壤；岩性土分布在海拔200 m以下的低山丘陵地区；潮土集中分布在瓯江及其支流两侧的河谷地带；水稻土分布较广，以300 m以下的盆地和丘陵谷地较为集中。

6. 植 被

丽水植被属亚热带常绿阔叶林区域的东部（湿润）常绿阔叶林亚区域。但因人为活动频繁，原有的常绿阔叶林地带性植被大多被以次生植被为主的代之，在边远山区尚存部分半原生状态天然植被。现有植被类型主要有山地草灌丛、针叶林、针阔混交林、常绿落叶阔叶林、常绿阔叶林、竹林以及油茶、茶树等人工植被类型，但以针叶林面积最大。自然植被的植物群落组成以壳斗科、樟科、山茶科、冬青科、金缕梅科、杜鹃花科、蔷薇科、山矾科、桦木科、豆科、杜英科、禾本科为主。森林覆盖率高达80%以上。

（二）丽水市豇豆产业的发展历史及现状

1. 豇豆产业发展历史

丽水农村自古以来把豇豆与大豆、蚕豆、豌豆、菜豆等豆类作为重要的蔬菜作物普遍种植，但真正意义上的产业化生产经营始于20世纪90年代末期[23]，其产业伴随着中国农村经济体制

的不断深化而逐渐发展。至 2008 年豇豆播种面积达到
4 640 hm²，创历史最高峰，并在丽水市莲都区碧湖镇建立了华东地区最大的豇豆生产基地。

2. 豇豆产业现状

（1）产业化经营已具规模，但产业发展差异较大

丽水市各地均有豇豆种植，但主要产区在以莲都区。近 5 年，全市年豇豆播种面积在 3 459～4 180 hm²，产量在 96 283～120 500 t（表 1-1）；其中，莲都区的豇豆播种面积占全市的 70.7%～72.5%，豇豆产量占全市的 75.5%～79.0%（表 1-2）。

表 1-1　丽水市各地豇豆面积及产量

产　区	2013 年		2014 年		2015 年		2016 年		2017 年	
	面积 (hm²)	产量 (t)	面积 (hm²)	产量 (t)	面积 (hm²)	产量 (t)	面积 (hm²)	产量 (t)	面积 (hm²)	产量 (t)
莲　都	2 953	91 000	2 843	88 430	2 697	82 950	2 580	81 186	2 484	76 040
龙　泉	180	5 600	176	5 676	93	2 240	61	1 547	59	1 408
青　田	107	3 200	107	3 180	110	3 255	104	3 008	104	3 010
云　和	73	700	73	816	68	770	68	822	78	940
庆　元	67	2 500	33	905	33	810	33	1 020	27	820
缙　云	120	3 100	113	2 500	115	2 560	116	2 580	100	2 200
遂　昌	167	2 500	148	2 206	114	1 752	113	2 113	124	2 035
松　阳	187	4 800	169	4 194	166	4 366	166	4 990	160	2 802
景　宁	327	7 000	330	7 120	325	7 135	335	7 109	323	7 028
合　计	4 180	120 500	3 993	115 027	3 722	105 838	3 577	104 375	3 459	96 283

莲都区的豇豆产区又以碧湖镇为主。近 8 年，全区年豇豆播种面积 2 484～3 196 hm²，产量 62 500～76 880 t；其中，碧湖镇的豇豆播种面积占全区的 63.6%～89.5%，豇豆产量占全区的

表1-2　各地豇豆面积及产量在全市的比重　（单位：%）

产　区	2013 年		2014 年		2015 年		2016 年		2017 年	
	面积	产量	面积	产量	面积	产量	面积	产量	面积	产量
莲　都	70.7	75.5	71.2	76.9	72.5	78.4	72.1	77.8	71.8	79.0
龙　泉	4.3	4.6	4.4	4.9	2.5	2.1	1.7	1.5	1.7	1.5
青　田	2.6	2.7	2.7	2.8	3.0	3.1	2.9	2.9	3.0	3.1
云　和	1.8	0.6	1.8	0.7	1.8	0.7	1.9	0.8	2.3	1.0
庆　元	1.6	2.1	0.8	0.8	0.9	0.8	0.9	1.0	0.8	0.9
缙　云	2.9	2.6	2.8	2.2	3.1	2.4	3.2	2.5	2.9	2.3
遂　昌	4.0	2.1	3.7	1.9	3.1	1.7	3.2	2.0	3.6	2.1
松　阳	4.5	4.0	4.2	3.6	4.5	4.1	4.7	4.8	4.6	2.9
景　宁	7.8	5.9	8.3	6.2	8.7	6.7	9.4	6.8	9.3	7.3

64.2%~92.2%（表1-3）。豇豆作为碧湖镇农业主导产业，是当地农民收入的主要来源，每年可为当地农民收入带来约2亿元的经济收入。据不完全统计，2017年全镇豇豆种植大户约有260户，并涌现出了一大批以豇豆产业为主的省、市、区级蔬菜龙头企业和专业合作社。

表1-3　莲都区及碧湖镇豇豆生产播种面积和产量

年　份	莲都区		碧湖镇		碧湖镇	
	面积（hm²）	产量（t）	面积（hm²）	占比（%）	产量（t）	占比（%）
2010	3 196	97 385	2 033	63.6	62 500	64.2
2011	3 083	92 780	2 200	71.4	65 000	70.1
2012	3 031	91 080	2 120	69.9	63 680	69.9
2013	2 953	90 980	2 413	81.7	75 300	82.8

（续表）

年 份	莲都区		碧湖镇		碧湖镇	
	面积 （hm²）	产量 （t）	面积 （hm²）	占比 （%）	产量 （t）	占比 （%）
2014	2 843	88 430	2 453	86.3	76 880	86.9
2015	2 697	82 950	2 320	86.0	72 100	86.9
2016	2 580	81 186	2 287	88.6	71 800	88.4
2017	2 484	76 040	2 223	89.5	70 100	92.2

（2）产业集群效应已明显显现

丽水市豇豆产业以省级"丽水市莲都区豆类科技创新服务中心"为主要技术支撑，"龙头企业+合作社+基地+农户"为运作模式，出现了一批豇豆加工企业，生产豇豆干及腌制品，拉长了产业链，推动了产业发展；大批以豇豆为主的蔬菜经营大户和经纪人，将产品销往北京、南京、上海、广州、杭州、宁波、温州等大中城市，深受消费者青睐。在生产上以"四个统一"为主要生产方式（即统一供种供药、提供技术服务、销售产品、开展培训），开展豇豆无公害生产。整个产业链中种植、加工、运输、销售、技术服务等分工相对明确，经过多年发展，已形成独具丽水特色的豇豆产业。

（3）蔬菜科技创新服务体系较完善

丽水市为浙江省欠发达市，又以农业生产为主，省、市农业院校联系相对较多；同时以丽水市农业科学研究院、丽水市农作物站、9个县（市、区）基层农业推广机构的蔬菜专业技术人员为主组成的蔬菜科技创新服务组织，针对豇豆产业的存在问题，开展技术研究及试验，常年为农民提供技术服务，推广新品种、新技术等服务；开通的农技110和乡、村的信息网络，及时解答农民菜农的疑难问题、普及优质安全生产技术和提供销售信息，为豇豆产业的可持续发展提供技术保障。

（4）豇豆种植效益继续看好，农民种植的积极性高

豇豆露地种植一年可以生产 2 茬，同时豇豆的生产管理要求也不高，由于每茬豇豆的生产时期时间不长，一般 3 个月左右，通常农民收入 4 000~6 000 元/667m²，高的接近 9 000 元/667m²。丽水的农民经过多年的种植积累了较丰富种植经验，同时随着科技兴菜步伐的加快，先进的技术的推广，豇豆生产的科技水平水的提高及产业化的进一步复杂化，豇豆种植的效益继续看好，农民种植的积极性也会更加提高。

（5）豇豆连作障碍

丽水市豇豆连作障碍发生普遍，成为产业进一步发展的主要制约因素。

第二节　豇豆特征特性、生长发育周期与环境条件

一、特征特性

（一）根

豇豆为直根系，根系发达，主根长达 80~100 cm，主要根群分布于 10~30 cm 的土层内。根系上的共生根瘤相对较稀少，根瘤主要着生于主根和较粗的侧根上，固氮能力强。

（二）茎

茎的横断面呈圆形，表面通常比较光滑，颜色多为绿色，也有品种为紫红色或略带紫红色。茎蔓向上生长时以逆时针方向缠绕，茎节上长出叶和侧枝，或抽出花序，生长前期气温低时，能促发茎基部的侧枝生长。

（三）叶

豇豆的子叶出土，是贮藏营养物质的器官，起着供给幼苗养分的重要作用，子叶养分耗尽后便自然干枯脱落。其长出的第 1 对真叶为单叶，对生，多呈卵圆形，大小因品种而异。以后长出的叶均为三出复叶，互生，小叶全缘，多为深绿色，叶面光滑，叶长 7~14 cm，偏菱形到卵圆形，顶部骤尖。复叶基部与小叶基部有托叶，叶柄一般为绿色，近节部常带紫红色，叶柄长 5~25 cm。

（四）花

豇豆的花为两性完全花，呈典型的蝶形花构造，着生于短花梗上。在每天早晨 5：00 以后开放，上午 10：00 以前闭花。花由苞片、花萼、花冠、雄蕊、雌蕊组成。花的长度为 2.5~3.0 cm，开花时旗瓣展开宽度约为 2.7 cm。在花序轴的节瘤与短花梗上，每一朵花周围均有 3 片发育不完全的小苞叶，在花朵开放前后脱落。花萼上有皱纹，呈浅绿色、绿色或紫绿色，基部呈筒状，上部呈 5 裂，呈尖锐三角形。花冠着生于花萼内，由 5 个花瓣组成，最上面的 1 个大的是旗瓣，颜色有白色、紫色、紫蓝色和黄色等，在花未开放时包围着其余 4 个花瓣。2 个形状和大小相同的翼瓣比旗瓣短，里面有 2 个联合在一起的为龙骨瓣，弯曲成弓形。雄蕊共有 10 枚，着生在花丝上，9 枚雄蕊的花丝联合在一起成管状，将雌蕊包围，上方的 1 枚雄蕊单独分离。雌蕊位于雄蕊的中间，包括柱头、花柱和子房 3 部分。柱头倾斜或向内弯，其下方有茸毛。柱头下面是细长的线形花柱。子房上位，是雌蕊基部膨大的部分，1 室，内含胚珠，着生于花萼管基部。

豇豆的花序为总状花序。每个叶片的叶腋有 3 个芽，通常中间的 1 个芽发育成 1 个花序，有个别豇豆叶腋基部的 3 个芽均发育成花序，着生在一起。花序柄的长短不一，一般在植株下部先发育的花序柄较长，可达 25~30 cm，中上部的花序柄一般较短，短的仅为 5 cm 左右。花序柄上是无限生长的花序轴，其着生花的地方常突出为节瘤。每个花序可生长出若干朵花，多为左右对生，一般每个花序有 1~2 对花发育。一些品种在肥水充足时花序有更多的花可以发育，并形成荚果。茎上着生第一花序的节位因品种而异，早熟品种多在主蔓第三至第五节着生，晚熟品种在第七至第九节着生，在侧蔓一般于第一至第二节即能抽出第一花序；不管是主蔓开花还是侧蔓开花，当第一花序抽出后，其后的叶节一般可连续抽出花序。通常，第一对花先开放结荚，其成荚率最高，一般在 30% 以上，高的可达 45%~50%。花序上各花朵发育的先后间隔时期为 10 d 左右，最长的达 20 d。

（五）荚　果

豇豆的花经授粉、受精后荚果生长很快，10 d 左右即可达到商品成熟期，可采摘嫩荚上市。荚果一般为长圆条形，成熟时自然下垂。1 个花序梗上通常结 1~2 个荚果。长度多为 20~100 cm，一般每个荚果内有 15~21 粒种子。荚果与种子的种脐相连，供给种子的养分。当荚果开始变软、种子基本成熟时，种脐便与荚果分离。

（六）种　子

种子形状一般为肾形。千粒重品种间差异很大，大多数都在 100~200 g。豇豆种子无休眠期，成熟种子可立即发芽生长，留种田内如遇雨天，老熟荚上的种子极易吸水发芽，引起烂种，造成损失。有些品种的种皮坚硬，表皮的蜡质层使种子不能吸水，影响正常的吸水膨胀，形成硬实粒，不能正常发芽。在正常情况下，种子充分吸水后 48~72 h 即可发芽。豇豆种子由种皮、子叶和胚三部分组成。种皮是种子脱离荚果后能覆盖种子的保护组织，表面通常比较光滑。种皮的颜色比较丰富，单色的常有黑、红、褐、白等；复色的有红白花色、黑白花色及不同底色上的花斑、条斑等各种不同的斑纹。成熟种子有 2 片肥厚的子叶，是贮藏营养的器官，可提供种子萌发生长过程中对营养的需要。子叶容易受到虫害等损伤，不仅影响种子萌发过程中的营养供应，还常导致病害的侵染。胚主要由胚芽、下胚轴和胚根 3 部分组成。胚芽可发育成植株的地上部分；下胚轴是根与茎之间的区域，种子萌发时首先是下胚轴伸长，并将子叶推出土面，同时将根系吸收的养分输送到地上部分；胚根发育成主根，形成整个根系。

二、生长发育周期

不同生长习性的豇豆其生育周期有一些差异，目前生产上常见的蔓生型品种的生长发育周期包括发芽期、幼苗期、抽蔓期和开花结荚期。

（一）发芽期

自种子吸水萌发至第一对真叶展开的时间为豇豆的发芽期，发芽期的长短主要因温度而异，温度适宜时 5~10 d；温度低则时间延长，冬春季保护地栽培条件下，一般需要 14~16 d 才能完成。发芽时首先胚根伸长并深入土中，然后是下胚轴的伸长，子叶包着幼芽拱出地面，以后幼茎伸长，第一对真叶展开。发芽期适温为 25~30 ℃，不宜低于 10 ℃，并要防止水分过多造成种子霉烂，导致根腐病等的发生。

（二）幼苗期

从第一对真叶展开到有 4~5 片复叶展开（蔓生种主蔓开始抽伸前），并开始抽蔓的时期为幼苗期。在 20 ℃以上的条件下，幼苗期为 15~20 d。在通常情况下，幼苗期一般 15~30 d。该期茎直立，节间短，根系逐渐展开。

（三）抽蔓期

植株从具有 4~5 片复叶到现蕾为抽蔓期。这时植株的营养生长旺盛，节间显著伸长，茎蔓生长迅速，叶面积迅速增大，形成发达的营养体，根瘤开始形成，并开始孕育花营。生产上要及时搭架引蔓，防止田间郁闭造成植株生长不良，也要防止因肥水过多、营养生长过旺而造成开花结荚推迟现象。该期温度以 20~30 ℃ 为宜，25 ℃ 左右最适；气温 20 ℃ 以下时，茎蔓细，抽蔓期延长；15 ℃ 以下时，生长受抑制；5 ℃ 以下时，植株受冷害；0 ℃ 以下时，植株受冻害，茎叶枯死。

（四）开花结荚期

从豇豆开始开花现蕾至收获结束的时期为开花结荚期。该期一般 30~50 d。现蕾至开花一般 5~7 d；开花至豆荚商品成熟一般 10 d，至豆荚生理成熟一般还需 20 d 多。这个时期是豇豆产量形成的关键时期，植株需要大量的营养、水分及充足的光照条件。在开花结荚前期，植株的营养生长和生殖生长并进，植株茎叶生长旺盛，同时开始开花结荚。以后随着开花结荚的增加，营养生长逐渐减弱，在结荚后期植株逐渐衰老，营养以供给豆荚为主，在栽培时常采取增加肥水和根外追肥等措施延长豆荚生长期，提高产量。

三、豇豆生长发育对环境条件的要求

（一）温 度

豇豆喜温，不耐霜冻，整个生育期需要在无霜的条件下生长。豇豆对低温的反应比较敏感，温度过低、发芽缓慢，发芽率下降。种子发芽的最低温度为 10~12 ℃，发芽的最适温度 25~28 ℃，在 15 ℃ 温度下发芽率和发芽势均较差。植株生长的最适温度 20~30 ℃。如果在生长过程中温度低于 10 ℃，将会造成植株生长缓慢甚至生长停止，5 ℃ 以下植株受冷害，接近 0 ℃ 受冻至死亡。白天气温 27 ℃、晚间 22 ℃ 的条件有利于豇豆干物质的积累；豇豆虽耐高温，但 32~35 ℃ 的高温条件下，植株茎叶虽可以正常生长，但是花器发育不健全，受粉受阻，往往落花落荚严重，产量明显降低。温度对豇豆生长发育速度的影响较大，同一品种在早春播种至初收需要 60 ~ 70 d，秋季播种只需要 45 ~ 50 d，相差 15 ~ 20 d。

（二）光 照

豇豆喜阳光，也较耐阴。开花结荚期，需要良好的光照，光照不足，落花落荚严重。豇豆属短日照作物，对光周期的反映出类型、品种而异。根据豇豆对光周期反应的不同可分为两类，一类对则日长短要求不严格，在长日照和短日照条件下都能够正常开花结荚，长豇豆品种多数属此类；另一类要求在短日照的季节栽培，缩短日照长度时可降低花序着生节位，提早开花结荚，而在较长日照长度时则茎蔓徒长，花序着生节位上升，延迟开花甚至不开花结荚。

一般诱导豇豆开花的最好光周期是 8 ~ 12 h，在种植后 30 ~ 60 d 开花。所以，通常在早春栽培的豇豆花序着生节位较低，夏秋季的花序着生节枝较高。要获得豇豆高产必须有充足的光照条件，保证田间通风透光。早春季节如遇阴雨天气、苗期光照不足时，常导致幼苗生长纤弱，并诱发根腐病、疫病等毁灭性病害流行；在开花结荚期如遇阴雨天气，则极易造成豇豆大量落花落荚，降低产量。

（三）水 分

豇豆的根系比较发达，吸水能力强，对土壤湿度有较强的适应能力，其耐土壤干旱能力比耐空气干旱的能力强。但生长期间缺水，豇豆的落花落荚将加重，产量明显降低。发芽期和幼苗期，要求湿度适中，土壤的透气性好，适宜的土壤水分为田间持水量的 50% ~ 80%。苗期切忌水分过多，否则易使幼苗纤弱或徒长，严重时引起烂种或烂根等现象。生长期间土壤水分过多、空气湿度过大，易使植株徒长，引起落花落荚，病害也容易发生和流行，导致减产。同时，土壤水分过多也不利于根系生长和根瘤菌的活动；另—方面，在豇豆生长期间要保证土壤湿润，防止干旱，一旦缺水时植株生长受阻，将引起大量的落花。

（四）土壤养分

豇豆适应性强，耐瘠薄、稍耐盐碱，大多数土壤都可种植，但以土层深厚、有机质含量高、排水良好、保肥保水性强的沙质壤土为好。土壤 pH 值以 6.2~7.0 为宜，过酸或过碱、过于黏重或低洼、涝渍土壤，均对根瘤菌的生长不利，还引起土壤中的矿质营养元素活性下降，引发缺素症状，影响豇豆的生长发育。豇豆根瘤菌不及其他豆科作物发达，因此要保证肥料元素的供应，施肥时应氮、磷、钾配合施用，并应注意补施硼肥、钼肥，以促进结荚，增加产量。

第三节　蔬菜连作障碍的产生原因

在同一块土壤中连续栽培同种或同科的作物时，即使在正常的栽培管理状况下，也会出现生长势变弱、产量降低、品质下降、病虫害严重的现象即为连作障碍[24]，连作障碍是作物与土壤两个系统内部诸多因素综合作用结果的外在表现[25]。土壤生物学环境恶化，包括土壤中自毒产物积累，根系分泌物和土壤有害微生物增加，土壤根结线虫为害等。随着研究的不断深入，多数研究学者认为，土壤微生物学特性的变化是土壤生物学连作障碍最主要的原因。在连作水稻危害研究中，也有学者认为土壤生物病原菌和植物寄生性线虫是植物灾害性减产的主要直接原因，土壤养分、土壤反应和土壤物理性质的异常是次要原因；有学者将产生连作障碍的原因归纳为五大因子：①土壤养分亏缺；②土壤反应异常；③土壤物理性状恶化；④来自植物的有害物质；⑤土壤微生物变化。并强调土壤微生物的变化是连作障碍的主要因子，其他为辅助因子[26]。从国内外的研究结果表明，连作障碍的主要原因为即土壤生态系统失衡、化感作用和土壤养分失衡。从目前已有的文献看，对于豇豆连作障碍产生的深层次原因研究尚不多，且大多数研究仅集中在豇豆连作障碍防治技术上。

蔬菜是人们日常饮食中必不可少的食物之一，它可提供人体所必需的多种维生素和矿物质。然而，由于人口的增加、有限的耕地不断减少、农民的栽培习惯以及对经济利益的驱动，蔬菜连作现象非常普遍，特别是设施蔬菜的发展，蔬菜连作障碍的问题呈日益显现，致使在正常的生产管理条件下，也会出现产量降低、品质变劣、土壤环境恶化和病害严重等连作障碍现象的发生，不仅严重制约着蔬菜生产的可持续发展，而且也严重影响着生态环境和食品安全性[27]。

蔬菜产业，特别是设施蔬菜产业的发展，不仅极大地满足了日益增长的人民生活水平提高的需要，而且业已成为从传统农业向现代农业转变的重要途径和手段。虽然，蔬菜连作障碍制约蔬菜产业发展史，但随着人们环境保护意识的提高和对食品安全的日益关注，各级政府和蔬菜科技工作者已把解决蔬菜连作障碍问题作为重要的研究课题。

第四节 豇豆连作障碍的土传病害

土传病害是指病原体如真菌、细菌、线虫和病毒随病残体生活在土壤中，条件适宜时从作物根部或茎部侵害作物而引起的病害。其侵染病原包括真菌、细菌、放线菌、线虫等，其中以真菌为主。豇豆的土传病害较多。

一、根腐病

（一）症　状

根腐病主要为害根部及根茎部。早期症状不明显，一般出苗后 7 d 开始发病，20~30 d 进入发病高峰。受害植株先是下部叶从叶缘开始变黄枯萎，一般不脱落；根部自根尖开始发生褐色或黑色病变，病部稍凹陷，时有开裂深达皮层，由侧根蔓延至主根，致使整个根系坏死腐烂和坏死；剖检病根，维管束呈红褐色，并可延及根茎部。当主根腐烂后，木质部外露，病部腐烂处的维管束变褐，植株地上部呈萎垂乃至枯死，但茎部维管束一般不变色。湿度大时从根茎部会长出粉红色霉状物，即病菌的分生孢子梗和分生孢子。病株易拔出，根部裂陷且皮层脱落。

（二）病　原

根腐病病原为腐皮镰孢菌菜豆专化型 ［*Fusarium solani* f. sp. phaseoli （Burk.） Snyder et Hansen］，属半知菌亚门真菌[28]。其病菌生长发育的适温为 25~30 ℃，最高 35 ℃，最低 13 ℃。

（三）寄　主

除豇豆外，其寄主还有菜豆、扁豆等。

（四）传播途径

病菌可在土壤、病残体或厩肥中存活多年，无寄主时可腐生10 年以上；种子不带菌，初侵染源主要是带菌土壤和肥料，通过雨水、灌溉水及工具传播蔓延，先从伤口侵入致皮层腐烂。

（五）发病条件

发病程度与温湿度有密切关系。发病适温 24~28 ℃，空气相对湿度 80%。土壤低温高湿，或土温过高，或土温变化剧烈，不利于根系生长及根部伤口愈合，植株抗病力降低，易诱发该病。低洼地，黏质土壤，施用带菌土杂肥，或地下害虫多，农事操作伤根多，管理粗放的连作地皆易加重发病。不同品种间抗病性有差异，已知之豇 14、之豇 108、五月鲜豇豆抗根腐病较好。

二、枯萎病

（一）症 状

枯萎病在豇豆整个生育期均可为害。一般在初花期可在田间发现，受害植株初期仅地上部叶片萎蔫，早晚可恢复；叶片边缘，尤其是叶片尖端出现不规则形水浸状病斑，靠近地表的茎秆绕茎变褐，根茎部皮层常开裂，其维管束组织变褐，湿度大时病部表面可见粉红色霉层，数日后整株枯死。病株叶多从下部叶片开始先黄，后渐渐向上发展，叶脉两侧变黄至黄褐色，叶脉呈褐色，严重时，全叶枯焦脱落。病株根系发育不良，根部皮层腐烂，新根少或者没有，容易拔起。进入花期后，症状明显，病株明显增加，结荚明显减少；到了后期，全天萎蔫，甚至枯死。一般低温期不表现症状，高温高湿时开始显出症状。

（二）病 原

枯萎病的病原为尖镰孢嗜导管专化型（*Fusarium oxysporum* f. sp. *tracheiphilium*），属半知菌亚门真菌[29]。其病菌生长发育的适温为 27~30 ℃，最高 40 ℃，最低 5 ℃。

（三）寄 主

其寄主主要为豆类植物。

（四）传播途径

以菌丝体、厚垣孢子在土壤、病残体和带菌肥料中越冬，种子也能带菌。成为翌年初侵染源。通过伤口或根毛顶端细胞侵入，主要靠水流进行短距离传播，扩大为害。

（五）发病条件

发病程度与温度有密切关系，在适宜的温度范围内，土壤含水量高易发病，土壤含水量低病株症状表现轻微或不表现。低洼地、肥料不足，又缺磷钾肥，土质黏重，土壤偏酸和施未腐熟有机肥时发病重。多年连作的也发病重。春播豇豆一般在 6 月中旬和 7 月上旬为发病高峰期。

三、立枯病（基腐病）

（一）症　状

立枯病主要为害幼苗的子叶、茎基部和根。未出土前为害种子、种芽和子叶；为害子叶的产生椭圆形红褐色病斑，病斑逐渐凹陷；在苗期为害的，引起苗前烂种和刚出土幼苗染病。为害茎基和根的，受害植株早期白天萎蔫，夜间恢复，病部初现淡褐色椭圆形或不规则暗褐色小斑，逐渐凹陷，时有渐变的黑褐色，为害较轻的仅见病斑但不会枯死；以后病部绕茎蔓扩展，造成茎蔓成段变黄褐色至黄白色，最终干枯，但不倒伏，后期病部表面出现散生或聚生的小黑粒。茎基部为害可致苗枯，中上部枝蔓为害可致蔓枯，致使植株长势逐渐衰退，影响开花结荚。拔出受害植株后，一般可见根系基本良好，仅于接触地表部分病变，湿度大时，于茎基部可见淡褐色蛛丝状霉，即病菌的菌丝体或菌核。

（二）病　原

立枯病的病原为立枯丝核菌 AG-4 菌丝融合群（*Rhizoctonia sloani* Kuhn），属半知菌亚门真菌[30]。也有研究认为菜豆壳球孢[*Macrophomina phaseolina*（Tassi）Goid］也可引起该病[31]。其病菌生长的适温为 18~30 ℃，最适为 27~30 ℃；6~36 ℃条件下均可生长。

（三）寄　主

寄主除豇豆外，还有菜豆、棉花、花生、甘薯等。

（四）传播途径

以菌丝体和分生孢子器随病残体在土壤中越冬，并可在土壤中长期存活，当寄主处在生活力衰弱时，病菌容易趁机侵入，通过水流、农具等传播蔓延。以分生孢子器内生的分生孢子作为初侵染源与再侵染源，通过雨水溅射而传播，从伤口或表皮侵入致病。菜豆壳球孢菌以分生孢子器随病残体在土壤中越冬，翌年产生分生孢子进行初侵染和再侵染。

（五）发病条件

高温多雨潮湿天气或土壤通透性差，缺肥都易发病。在10 ℃条件下，种子虽可萌发，但土温低、种子在土中持续时间长易发病；遇4~7 ℃低温条件，种子易被侵染；育苗或播种前遇寒潮、阴雨，或覆土过厚均不利其出苗，浇水过多、苗床湿度大、通风透光不良、幼苗瘦弱或徒长的发病重。

四、锈　病

（一）症　状

锈病是豇豆上普遍发生的病害，多发生在豇豆生长中后期，主要为害叶片，严重时茎蔓、叶柄、豆荚均可受害，发病初期叶背产生淡黄色小斑点，微隆起，后扩大形成红褐色疱斑。时有叶面或叶背可见略凸起的褐色疱斑，即病菌的孢子腔。疱斑破裂后，可散出红褐色的孢子粉。

（二）病　原

锈病的病原为豇豆属单胞锈菌（*Uromyces vignae* Barcl），属担子菌亚门真菌[32]，系专性单主寄生锈菌。

（三）寄　主

锈病只为害豇豆。

（四）传播途径

以冬孢子随病残体在土壤中越冬，温暖地区以夏孢子越冬。翌年春季，温湿度条件适宜时，冬孢子经3~5 d萌发产生担子和担孢子，借气流传播至豇豆叶片气孔直接侵入产出芽管引起初侵染，8~9 d 潜育后出现病斑，形成性孢子和锈孢子，后进一步形成夏孢子借气流进行多次再侵染，直到秋季产生冬孢子越冬。

（五）发病条件

喜温暖潮湿的环境，日平均温度 20~25 ℃，空气相对湿度 90%左右时宜发病；日平均温度 24 ℃，连续阴雨条件下易流行。浙江省及长江中下游地区豇豆锈病的主要发病盛期在 5—10 月，华北地区主要发生在夏秋两季，华南地区发病盛期在 4—7 月。年度间夏秋高温多雨的年份发病重；田块间连作地、地势低洼、排水不良的田块发病重；栽培上种植过密、通风透光差的田块及设施栽培的发病重；秋播及连作地发病重。

五、白粉病

（一）症　状

白粉病主要为害叶片，也可侵害茎蔓和豆荚。叶片发病，初始时在叶背产生黄褐色小斑，后扩大为不规则形，紫色或褐色病斑，并在叶背或叶面产生白粉状霉层（病菌表生的营养菌丝体）。严重时，多个粉斑可连接成片，白粉覆盖整张叶片；后期病叶上产生小黑点，即病菌的闭囊壳，以后叶片逐渐枯黄，并引起大量落叶。茎蔓和豆荚发病，形成白色粉状霉层，严重时，可布满茎蔓和荚，致使茎蔓干枯，豆荚干缩。

（二）病　原

白粉病的病原为蓼白粉菌（*Erysiphe polygoni* DC.），属子囊菌亚门真菌核菌纲白粉菌目白粉菌科白粉菌属[33]。

（三）寄　主

寄主范围很广，包括 13 科 60 余种植物，常见的有豇豆、豌豆、菜豆、蚕豆、扁豆、甘蓝、芹菜、番茄等作物。

（四）传播途径

以菌丝体或闭囊壳在病残体上越冬，翌年产生分生孢子，分生孢子借气流传播，散落到寄主表面，萌发时产生芽管，后形成菌丝体，继而在病部产生分生孢子，通过气流传播进行反复再侵染。南方温暖地区病菌很少形成闭囊壳，以分生孢子辗转传播为害，无明显越冬现象。北方寒冷地区则以菌丝体在多年生植物体内、花卉上或以闭囊壳在病残体上越冬，产生子囊孢子，进行初侵染。

（五）发病条件

阴蔽、昼夜温差大，多露潮湿，有利于发病；干旱情况下，时有发病剧烈。但以高温郁闷条件下，特别是生长势减弱、缺水脱肥的植株生长中后期，发病为多、为重。

六、菌核病

（一）症 状

菌核病主要为害茎部，也为害叶及豆荚。设施和露地均有发生，于苗期和成株期均可发生，但以开花结荚为多且病症明显。苗期发病多始于近地面的茎基部或第一分枝的叉处，先现褐色湿腐状病变，稍后茎部收缩，上部呈萎蔫状，于病部可见密生白色菌丝，后纠结成菌核，严重时可致茎蔓萎蔫枯死。成株期发病多见于近地面的茎部及豆荚。茎部发病初呈水渍状，后变灰白色，潮湿时病部表面密生白色菌丝和少数鼠粪状黑色菌核，终致植株萎蔫枯。豆荚发病，患部变软腐烂，病征与茎部的相同。

（二）病 原

菌核病的病原为核盘菌［*Sclerotinia sclerotiorum*（Lib.）de Bary］，属子囊菌亚门真菌[34]。与冬瓜菌核病菌相似，但菌核略小。子囊孢子 0~35 ℃均可萌发，以 5~10 ℃最有利。菌丝在 0~30 ℃能生长，最适 20 ℃。菌核形成的温度与菌丝生长要求的温度一致，菌核 50 ℃经 5min 致死。病菌对湿度要求严格，在潮湿土壤中，菌核只存活 1 年；土壤长期积水，1 个月即死亡；在干燥土壤中能存活 3 年多，但不易萌发。

（三）寄　主

除豇豆外，寄主还有十字花科蔬菜，蚕豆、大豆、四季豆、豌豆、紫云英、甘薯、马铃薯、番茄、辣椒、烟草、莴苣、胡萝卜、芥菜、菠菜、甜菜、洋葱、大麻、桑、柑橘和无花果等。但不侵害禾本科作物。

（四）传播途径

以菌核在土壤中或田间病残体上或混在堆肥及种子上越冬。翌年，越冬菌核在适宜条件下萌发产生子囊盘，子囊成熟后，将囊中子囊孢子射出，随风传播。孢子放射时间可长达月余，侵染周围的植株。此外，菌核时有直接产生菌丝蔓延传播。在田间主要以子囊孢子和菌丝借气流、露水、雨水蔓延传播。病株上的菌丝具较强的侵染力，可进行再侵染扩大传播。菌丝迅速发展，可致病部腐烂。当营养消耗到一定程度时产生菌核，菌核不经休眠即萌发。

（五）发病条件

通常在较冷凉潮湿条件下易发病，发病适温 5~20 ℃，最适温 15 ℃。成株期阴雨天多，株间郁闭，排水不良或大水漫灌或偏施氮肥均易发病。菌核萌发要求高湿及冷凉的条件，萌发后子囊的发育需要连续 10 d 有足够的水分。相对湿度 70%，子囊孢子可存活 21 d；相对湿度 100%只存活 5 d；大田条件下，散落在豆叶上的子囊孢子存活 12 d。病菌的接种体及菌丝侵染豇豆时，要求植株表面保持自由水 48~72 h，相对湿度低于 100%，病菌即不能侵染。

七、白绢病

（一）症 状

白绢病于豇豆成株期主要危害根、茎基部和果实，引起根腐、茎基腐和果腐。茎基部和茎秆受害后可使病部以上枯黄、叶片脱落或部分茎蔓残留。植株发病后，其上部可长出白色，疏松或结成线状的菌丝体，紧贴其上，后期在菌丝体上形成初为白色、后变为褐色或黑褐色油菜籽状散生或聚生的菌核。病株叶片由下向上变黄，枯萎，最后全株死亡。

（二）病 原

白绢病的病原为齐整小核菌（*Sclerotium rolfsii*），属半知菌亚门，无孢目[35]。其病菌的生长温度为 8~40 ℃，适宜温度为 28~32 ℃，发育最适温度为 32~33 ℃，最适相对湿度为 100%。菌核耐低温，抗逆力强，在-10 ℃不丧失生活力，在自然环境下经过 5~6 年仍具有萌发能力。

（三）寄 主

其寄主范围很广，除豇豆外，还有菜豆、毛豆、辣椒、番茄、茄子、魔芋等 82 个科的 500 多种植物。

（四）传播途径

主要以菌核或菌丝体随病残体在土壤中越冬，或菌核混在种子上越冬。翌年初侵染由越冬菌核长出菌丝，从根茎部直接侵入或从伤口侵入。再侵染由发病根茎部产生的菌丝蔓延至邻近植株，也可借助雨水、灌溉水、农事操作传播蔓延。

（五）发病条件

高温、潮湿、栽植过密、不通风、不透光，易发病。露地栽培时，6—7 月高温多雨天气，或时晴时雨天气发病严重。气温降低，病害减轻。施用氨态氮化肥和酸性土壤及连作地的发病重。

八、猝倒病

（一）症　状

猝倒病为苗期的主要病害，造成烂种、烂芽。苗期发病，幼茎多于近地表处的茎基部出现黄褐至暗绿色水渍状病斑；病部迅速发展，绕茎 1 周后，逐渐湿软缢缩成线状，表皮脱落，致使幼苗依然青绿而易折倒，一拔即断，最后病部变成黄褐色干枯或缩为线状。几天后，以此为中心向周围蔓延扩展，最后引起成片幼苗猝倒。于病情基数较高的地块，常常幼苗于出土前或刚刚吐出胚芽即受侵染，呈水渍状腐烂。苗床湿度高时，遗留在地里的死苗及所处的地表往往长出一层白色棉絮状的菌丝体。

（二）病　原

猝倒病的病原为瓜果腐霉菌 [*Pythium aphanidermatum*（Eds.）Fitzp]，属鞭毛菌亚门真菌，其生长发育的最适温度为 15～16 ℃，30 ℃以上生长受到抑制。此外，刺腐霉（*P. spinosum*）、畸雌腐霉假（*P. irregulare*）和终极腐霉（*P. ultimum*）而也能引起苗期猝倒[36]。

（三）寄　主

其寄主范围广，除豇豆外，还有棉花、甜菜、大豆、茄科多种植物等。

（四）传播途径

病菌以卵孢子在土壤中越冬或度过不良环境，遇适宜条件时，萌发产生游动孢子或直接侵入寄主；病菌腐生能力很强，可在土壤中的病残体或腐殖质中以菌丝体长期存活，翌年春产生游动孢子直接侵染幼苗，并借雨水或灌溉水的流动传播。幼苗发病后，病部不断产生孢子囊，借灌溉水向四周重复侵染，致使病害不断蔓延。

（五）发病条件

苗床低温、高湿是猝倒病发生蔓延的主要条件，在连续15 ℃以下的低温持续数天时，则易发生猝倒病。苗床土壤黏重、地下水位过高、通气性差、光照弱、则发病严重。子叶苗到第一真叶抽生阶段，最易发病，其真叶长大后发病较轻。

九、疫 病

（一）症 状

疫病主要为害茎蔓、叶片和豆荚。该病典型特点是发病快、传播迅速。茎蔓发病，多发生在节部或节附近，尤以近地面处的为多，初病部呈水浸状不定型暗色斑，无明显边缘，后绕茎扩展致茎蔓呈暗褐色缢缩，病部以上茎叶萎蔫枯死，湿度大时，皮层腐烂，表面产生白霉。叶片发病初生暗绿色水浸状斑，边缘不明显；棚室湿度大时，病斑迅速扩展至整个叶片，表面着生稀疏白霉，引起叶片腐烂；环境干燥时，病斑呈淡黄色，叶片干枯。豆荚染病初呈水浸状斑点，后期病斑腐烂，表面产生白霉。

（二）病 原

疫病的病原为豇豆疫霉（*Phytophthora vignae* Purss），属鞭毛菌亚门真菌[37]。其病菌生长发育的最适温度为 25~28 ℃，最高 35 ℃，最低 13~14 ℃。

（三）寄 主

在自然条件下，该病菌只侵染豇豆。

（四）传播途径

主要以卵孢子随病残体在土中或种子上越冬，条件适宜时，卵孢子萌发产生芽管，芽管顶端膨大形成孢子囊，孢子囊萌发产生游动孢子，借风雨、流水等传播。以后，于病部产生孢子囊进行再侵染，至生育后期形成卵孢子越冬。

（五）发病条件

豇豆生长期，雨季出现的时间与雨量大小与该病发生早晚及为害程度有直接关系。凡是春雨早，降水量大的年份发病重，在连阴多雨后转晴，湿度高，气温升高，病害也随之发生。地势低洼、土壤潮湿、排水不良、种植密度大、田间通风透光不良及重茬等地块均易发病。

十、细菌性疫病

（一）症 状

细菌性疫病主要为害叶片，也为害茎蔓和豆荚。叶片染病时多从边缘开始侵染，初呈水浸状暗绿色斑点，以后随着病情的扩展，病斑扩大成不规则的褐斑；叶片染病的典型特点是病斑组织变薄近透明，周围有黄色的晕圈，发病重的病斑连合，致全叶变黑枯或扭曲变形。嫩叶受害，皱缩、变形，易脱落。茎蔓染病，初期为水渍状，后发展为红褐色溃疡状条斑，稍凹陷，绕茎后致上部的茎叶枯萎。豆荚染病，初期也呈暗绿色水浸状的斑点，后扩大为稍凹陷的近圆形的褐斑，严重时豆荚皱缩。在潮湿条件下，叶、茎、荚病部及种子脐部，常有黄色菌脓溢出。

（二）病 原

细菌性疫病的病原为（豇豆细菌疫病黄单胞菌）野油菜黄单胞豇豆致病变种［*Xanthomonascampestris pv. vignicola*（Burkholder）Dye］，属细菌[38]。

（三）寄 主

除豇豆外，其寄主还有菜豆和苏丹草。

（四）传播途径

病菌在种子内和随病残体留在地上越冬，但病残体腐烂后即死亡。病菌从气孔、水孔或伤口侵入，经 2~5 d 潜育，即引致茎叶发病，病部渗出的菌脓借助风雨、灌溉水、昆虫、人畜等传播，引起再侵染。后即发病，病部渗出的菌脓借风雨或昆虫等传播。病菌在种子内能存活 2~3 年，在土壤中病残体腐烂后即死亡。

（五）发病条件

高温、高湿、大雾、结露有利发病。气温 24~32 ℃，叶上有水滴是本病发生的重要温湿条件。夏秋天气闷热，连续阴雨、雨后骤晴等会促进病情发展迅速。此外，管理粗放、偏施氮肥、大水漫灌、杂草丛生、虫害严重、植株长势差等，均有利于病害的发生。

十一、茎枯病（茎腐病、炭腐病）

（一）症　状

茎枯病主要为害茎枝蔓及茎基部。苗期发病，幼苗茎基部变褐、萎蔫或枯死；成株期发病先于病部初现淡褐色椭圆形或棱形小斑，后逐渐扩大，病斑中央灰色，病健部分界不明显；绕茎蔓扩展后，造成茎蔓成段变黄褐色至黄白色干枯，致豆荚干瘪。后期表面现散生或聚生的小黑粒，即为本病病征（分生孢子器），有时可见黑色菌核。

（二）病　原

茎枯病的病原为菜豆壳球孢 [*Macrophomina phaseoli* (Maubl.) Ashby.] 和豇豆壳茎点霉（*Phoma vignae* Henn.），属半知菌亚门真菌[39]。菜豆壳球孢生长的最适温度为 30~32 ℃。

（三）寄　主

除豇豆外，其寄主还有菜豆、扁豆、甜瓜等。

（四）传播途径

两病菌均以菌丝体或菌核随病残体遗落在土中越冬。翌年初侵染由越冬病菌产生的分生孢子，借助雨水溅射而传播，从茎蔓伤口或表皮侵入致病。再侵染由病部产生的分生孢子，借助风雨传播蔓延。

（五）发病条件

高温、多雨、潮湿天气或土壤通透性差有利于发病；排水不良、肥力过高或不足的植株易发病。

十二、轮纹病

（一）症　状

轮纹病主要为害叶片、茎及豆荚。发病初时叶片初生浓紫色小斑，后扩大为近圆形褐色斑，斑面具明显赤褐色同心轮纹，潮湿时生暗色霉状物，但量少而稀疏，远不及豇豆煤霉病浓密、明显。茎部发病时初生浓褐色不正形条斑，后绕茎扩展，致病部以上的茎枯死。发病于豆荚上的病斑紫褐色，具轮纹；病斑数量多时，豆荚呈赤褐色。

（二）病　原

轮纹病的病原为多主棒孢霉 [*Corynespor cassiicola* （Brek. & Curt. Wei）]，异名豇豆尾孢 （ *Cercospora vignicola* Kaw. ）、豇豆棒孢 [*Corynespora vignicola* （Kaw. ） Goto]，均属半知菌亚门真菌。生长的最适温度为 25~28 ℃ [31]。

（三）寄　主

除豇豆外，其寄主还有菜豆、大豆等豆科植物，以及棉花、烟草、可可。

（四）传播途径和发病条件

以菌丝体和分生孢子梗随病残体遗落土中越冬或越夏，也可种子内或黏附在种子表面越冬或越夏。借助风雨传播，进行初侵染和再侵染。冬季温暖地区，连作豇豆的地块，病菌以分生孢子辗转传播为害，无明显越冬或越夏期。

（五）发病条件

高温高湿、早春气温回升早、夏秋连阴雨多、栽植密度过大、通风透光性差、连作低洼地发病较严重。

十三、斑枯病

（一）症 状

斑枯病主要为害叶片。发病初时叶斑多角形至不规则形，直径2~5 mm 不等，初呈暗绿色，后转紫红色，中部褪为灰白色至白色，数个病斑融合为斑块，致叶片早枯。后期病斑正背面可见针尖状小黑点，即分生孢子器。

（二）病 原

斑枯病的病原为菜豆壳针孢 (*Septoria phaseoli* Maubl) 和扁豆壳针孢 (*S. dolichi* Berk. et Curt.)，均属半知菌亚门真菌[40]。

（三）寄 主

除豇豆外，其寄主还有扁豆、菜豆。

（四）传播途径

两菌均以菌丝体和分生孢子器随病残体遗落土中越冬或越夏，并以分生孢子进行初侵染和再侵染。借雨水溅射传播蔓延。

（五）发病条件

温暖高湿的天气有利于发病。东北产区该病多由菜豆壳针孢侵染引起，7月始发。国内其他产区病原不尽相同。

十四、煤霉病（叶霉病）

（一）症 状

煤霉病主要为害叶片，并多发生在老叶或成熟的叶片上，是豇豆上一种较为严重的病害。豇豆苗期很少发病，开花结荚期才开始发病。染病后叶片两面初生赤褐色小点，后扩大成直径为 1~2cm、近圆形或多角形的褐色病斑，叶片变小；病部、健部交界不明显。潮湿时，病斑上密生灰黑色霉层，尤以叶片背面显著。严重时，病斑相互连片，引起早期落叶，仅留顶端嫩叶。

（二）病　原

煤霉病的病原为菜豆假尾孢菌［*Pseudocercospora cruenta*（Sacc.）Deighton］，异名豆类煤污尾孢（*Cercospora vignae* F. et E.），属半知菌亚门真菌[41]。生长适宜温度为 7~35 ℃，最适温度为 30 ℃。

（三）寄　主

除豇豆外，其寄主还有菜豆、蚕豆、豌豆、大豆等豆类植物。

（四）传播途径

病菌以菌丝体和分生孢子随同病叶留在地上越冬，翌年环境条件适宜时，从菌丝体上产生分生孢子。分生孢子借气流传播进行初侵染，传播到植株的叶片上，萌发产生芽管，从气孔侵入为害。随后在发病部位产生新的分生孢子，在植株生长期间，不断进行再侵染。

（五）发病条件

高温高湿的环境是发病的重要条件，田间发病最适温度 25~32 ℃，相对湿度 90%~100%。开花结荚期到采收中后期最易感病。浙江省及长江中下游地区豇豆煤霉病的主要发病盛期在 5~10 月。常年春豇豆在 5 月下旬始发，6 月上中旬进入盛发期，秋豇豆在 8 月上旬始发，8 月下旬进入盛发期。年度内春豇豆比秋豇豆发病重，年度间夏秋季多雨的年份发病重，田块间连作地、地势低洼、排水不良的田块发病重，栽培上种植过密、通风透光差、肥水管理不当、生长势弱的田块发病重。

十五、斑点病

（一）症 状

斑点病为害叶片。病斑近圆形或不规则形；生于叶缘或叶尖的为半圆形，淡褐色至灰褐色，轮纹或有或无，病斑扩大后，中央灰白色，边缘色深，稍隆起，后期斑面散生黑色小粒点。

（二）病 原

斑点病病原为菜豆叶点菌（*Phyllosticta phaseolina* Sacc.）、赭斑叶点霉（*P. noac kiana* Alleseh.），均属半知菌亚门真菌[37]。

（三）寄 主

除豇豆外，其寄主还有大豆、绿豆、刀豆、菜豆、豌豆等豆类植物。

（四）传播途径

以菌丝体在病残体上越冬，分生孢子器在越冬过程中，因雨水侵蚀，释放分生孢子；分生孢子器不是主要的初侵染源，翌年环境条件适宜时菌丝侵入寄主，发病后产生分生孢子器和分生孢子进行再侵染。

（五）发病条件

雨水多、温度适合时，病害发展快；施氮肥过多、植株徒长易发病。

第二章 豇豆连作障碍病害防控技术研究

第一节 研究背景与主要研究内容

豇豆是我国重要的夏季豆类蔬菜之一，同时是浙江省重要的豆类蔬菜之一。因其适应性广，栽培容易，产量高等，深受生产者和消费者的喜爱。浙江省年种植面积20 000 hm²以上，年产值超过 10 亿元。但随豇豆连作年份的延长和轮作年限缩短，连作障碍问题日益严重，农民经济损失大，已影响农业增效、农民增收及浙江省豇豆产业可持续发展。常规连作环境下豇豆病虫害发生重，导致农药使用频繁，农残检出率高，质量安全隐患大，农业部已将其列为重点监管的 3 个蔬菜品种之一。

丽水市常年豇豆种植面积4 000 hm²左右。其中莲都区豇豆种植3 000 hm²左右，约占该区年蔬菜种植面积的 25%，产量约占全年蔬菜的 25%。豇豆是莲都区蔬菜的支柱产业，然而因连年种植，连作障碍发生严重，受害面积达 30%～50%，减产在30%以上；同时，因缺乏科学防范，菜农对连作障碍引发的病害防治盲目，常于发病严重后才开始用药，收效不大，且易造成产品农残偏高，影响品质。最终导致豇豆种植亩产下降、产值减少、面积减少，产业发展受制约，影响农民增收。

豇豆连作易造成土壤中病原菌增多，土传病害日益严重；与此同时，高强度和集约化的连作种植，过量的化肥施用及不合理的灌溉，不仅会造成水分和肥料的大量浪费，也产生了突出的生态与环境问题[2]。土壤次生盐渍化问题也日益凸现，造成选择性吸收养分，导致土壤中某些营养元素严重缺乏或积累过多，营养结构严重失调；自毒现象使豇豆根系分泌有毒物质，直接抑制新栽豇豆根系的生长、分布、呼吸，最终导致新栽豇豆根系病变、死亡。连作障碍引发的一系列问题，最终即使追加化肥、加强田间管理还是无法挽回豇豆产量减少、品质下降、收入减少的局面。

为此，丽水市莲都区农业技术推广中心在丽水市莲都区科技局、丽水市莲都区农业局、丽水市农业科学研究院、浙江省种植业管理局、浙江省农业科学院等单位的支持下，于 2010 年开始，针对豇豆连作障碍问题，开展了"豇豆连作障碍消减关键技术"的相关技术研究。

"豇豆连作障碍消减关键技术"主要研究技术内容包括：①豇豆连作障碍产生的主要原因，及其对豇豆生产的主要影响；②研究土壤消毒剂、土壤修复剂对豇豆土传病害的防治效果；③消减豇豆连作障碍的农作制度及栽培模式研究；④调查蔬菜土壤次生盐渍化发生现状；⑤研究不同 C_4 作物对次生盐渍化土壤的修复效果；⑥集成豇豆连作障碍消减关键技术。

第二节　土壤消毒剂防控豇豆土传病害的研究

各种病源菌在土壤中生存或寄生并通过土壤传播给农作物所发生的病害，其严重程度受根端分泌物成分和浓度的左右，抑制根围系统病原物的活动是保护根系并进行土传病害防治的基础。土壤理化因素制约植物、土壤微生物和根部病原物三者之间的相互关系。

一、不同土壤消毒剂对连作田豇豆根腐病的防效

丽水市随着农业产业结构调整，20 世纪 90 年代末期开始菜农利用生态优势，大力发展无公害豇豆生产，至 21 世纪初豇豆播种面积约为 5 000 hm²，而成为全市蔬菜的支柱产业，然而由于连年种植，各种连作病害发生逐年加重，其中豇豆根腐病成了豇豆上发病最重，为害最大，防治最困难的病害，并在局部区域已经相当突出，加之菜农对其防治盲目性较大，往往发病后才开始用药，防效甚微且易造成产品的农药残留污染，一般发病率为 25%~40%，严重的在 60% 以上，产量减产在 30% 以上，农民减产减收，豇豆年播种面积逐年减少。

豇豆连作病害中发病严重、危害大的土传病害，其病原大部分属于半知菌亚门真菌。为此，课题组选择了对半知菌引起的多种病害防效极佳，并具有内吸传导、保护和治疗等多重防效对多种病原真菌引起的植物病害有较高防治效果的高效、广谱、低毒的恶霉灵、咪鲜胺、敌磺钠 3 种杀菌剂，及在土壤经水解最终能分解形成具有极强氧化性使菌体的蛋白质等物质变性，也可致死病原微生物的新生态氧 [O] 的，达到杀菌作用的漂白粉为土壤消毒剂处理。以期通过消毒土壤，防控豇豆土传病害。

（一）材料与方法

1. 试验地点和时间

试验设在丽水市莲都区碧湖镇郎奇豇豆基地上，试验田 520 m²，已连续 3 年种植豇豆，土质肥沃，灌溉方便，施肥水平中上；试验时间为 2010 年 7 月 20 日至 10 月 18 日。

2. 供试材料

豇豆品种为之豇 108；供试药剂为 99% 恶霉灵原药（山东天达生物制药股份有限公司生产），28% 漂白粉（杭州南邻化学有

第二章 豇豆连作障碍病害防控技术研究

限公司生产），25%咪鲜胺乳油（江苏万农达生物农药有限公司生产），45%敌磺钠可溶性粉剂（辽宁省丹东市农药总厂生产）。

3. 田间药效试验处理及方法

试验设 5 个处理，3 次重复，共 15 个小区，随机区组排列，小区面积 18 m²。处理 1：99%恶霉灵 20 g 对水 40 kg；处理 2：28%漂白粉 1.5 kg 对水 40 kg；处理 3：25%咪鲜胺 90 mL 对水 40 kg；处理 4：45%敌磺钠 200 g 对水 40 kg；对照（CK）处理：清水 40 kg。将 4 种供试药剂于豇豆播种前 5 d 对水后用喷水壶均匀喷洒小区土壤。

4. 防治效果的调查与统计方法

出苗后 60 d，在每个小区择间隔 2 行种植行选整行调查根腐病的病株数，统计发病率，计算相对防效，将发病率、相对防效进行反正弦转换后进行方差分析，多重比较采用 SSR 法。

发病率（%）=（病株数/调查株数）×100

相对防效（%）=100-（处理区发病率/

对照区平均发病率）×100

（二）结果与分析

1. 不同处理根腐病发病率和对根腐病的防效

在试验进行过程中，我们分别对各小区豇豆植株发生的根腐病进行调查。结果（表 2-1）表明，处理 1、处理 2、处理 3、处理 4、对照处理根腐病的平均发病率分别为 2.56%、4.76%、3.43%、4.31%、17.60%，其中以处理 1 对豇豆根腐病发病率最低，为 2.56%，比对照的 17.60%低 15.04%；对连作地经各药剂处理土壤后，豇豆根腐病的发病率明显降低；处理 1、处理 3、处理 4、处理 2 对豇豆根腐病的相对防效分别为 85.45%、80.51%、75.51%、72.95%，其中以处理 1 对豇豆根腐病的相对防效最好，对豇豆根腐病的相对防效达 85.45%，处理 3 咪鲜胺

· 41 ·

对豇豆的根腐病相对防效次之。

表2-1 不同土壤消毒剂处理土壤对根腐病的防效（SSR测验）

处　理	用药量	调查株（株）	病株数（株）	发病率（%）	相对防效（%）
处理2（漂白粉）	83.3 g/m²	231	11	4.76bB	72.95B
处理4（敌磺钠）	11.1 g/m²	232	10	4.31bB	75.51B
处理3（咪鲜胺）	5 g/m²	233	8	3.43bcB	80.51AB
处理1（恶霉灵）	1.1 mL/m²	234	6	2.56cB	85.45A
CK（清水）		233	41	17.60aA	

注：表中小写英文字母不同者，表示经SSR法方差分析差异显著；大写英文字母不同者，表示差异极显著

2. 不同处理的差异显著性分析方差分析

经SSR测验，结果（表2-1）表明处理1、处理2、处理3、处理4与对照5相比豇豆根腐病的发病率差异极显著；处理1与处理2、处理4相比豇豆根腐病的发病率差异显著。处理1与处理2、处理4相对防效差异极显著；处理1与处理3，处理2、处理3、处理4相互间相对防效无极显著差异。

3. 对其他土传病害的影响

田间初步调查表明以上4种处理对枯萎病等其他土传病害也有一定的防效。

（三）小　结

1. 4种土壤消毒剂对豇豆根腐病的防治效果均达70%以上

豇豆连作田在翻耕后整地后播种前5 d，用恶霉灵、咪鲜胺、敌磺钠、漂白粉对土壤进行消毒处理，均能有效地控制豇豆根腐病的发生，防治效果均达70%以上；1 m²土壤用1.1g的99%的恶霉灵粉剂处理后，豇豆根腐病的发病率最低，相对防效最好；其次是1 m²土壤用5mL的25%咪鲜胺。

2. 应用成本以敌磺钠最低，综合效益最好

在土壤消毒剂处理中，每 500 m² 用恶霉灵应用成本为 412.5 元，咪鲜胺应用成本为 312.5 元，敌磺钠应用成本为 124.9 元，漂白粉应用成本为 416.5 元；应用成本以敌磺钠最低，综合效益最好。敌磺钠作为防治豇豆根腐病的常规药剂，由于长期多年累积使用，使豇豆根腐病对其产生了抗药性，防治效果有所下降，建议对其有抗性的地区适当减少使用频率，待病菌对其抗药性降低后再轮换使用。

（四）结论及讨论

试验中 4 种不同土壤消毒剂处理对根腐病的防治效果均达 70% 以上，尤以恶霉灵对土壤进行消毒的豇豆根腐病的发病率最低，相对防效最好；应用成本以敌磺钠最低，综合效益最好。

本试验中 4 种土壤消毒剂但都为单剂使用，是否能组成混配，以便达到更经济安全的效果，有待进一步试验。同时，对枯萎病等其他土传病害的具体防效以后将作进一步研究。

二、恶霉灵与其他杀菌剂混用处理土壤对豇豆根腐病的防效

恶霉灵作为是一种内吸性杀菌剂和土壤消毒剂，其具有独特的作用机理。恶霉灵进入土壤后被土壤吸收并与土壤中的铁、铝等无机金属盐离子结合，有效抑制孢子的萌发和真菌病原菌丝体的正常生长或直接杀灭病菌，药效可达 15 d 左右。同时，它能被植物的根吸收并在根系内移动，在植株内代谢产生两种糖苷，对作物有提高生理活性的效果，从而能促进植株生长，根的分蘖，根毛的增加和根的活性提高。它对土壤中病原菌以外的细菌、放线菌的影响很小，从而对土壤中微生物的生态不产生影响，在土壤中能分解为毒性很低的化合物，对环境安全。但是，作为豇豆连作地的土壤消毒剂，对农民来说，667 m² 使用成本需

要 400 多元，与使用咪鲜胺的成本差别不大；虽然敌磺钠的使用成本低，又因为敌磺钠作为防治豇豆根腐病的常规药剂，经长期多年累积使用，豇豆根腐病对其产生了抗药性，防治效果有所下降。为降低使用成本和防范抗药性的产生，课题组开展了土壤消毒剂混用的试验，以期在防效、应用成本及防范抗药性方面的综合上筛选出较为农民接受的土壤消毒剂组合。

（一）材料与方法

1. 试验材料

豇豆品种为春宝；供试药剂为 99%恶霉灵原药（山东天达生物制药股份有限公司生产），25%咪鲜胺乳油（江苏万农达生物农药有限公司生产），45%敌磺钠可溶性粉剂（辽宁省丹东市农药总厂生产）。

2. 试验方法

试验设在丽水市莲都区碧湖镇魏村豇豆基地上，试验田 500 m²，已连作 2 季种植豇豆，土质肥沃，灌溉方便，施肥水平中上；试验时间 2010 年 7 月 28 日至 10 月 25 日。

试验设 4 个处理，处理 1：99%恶霉灵 12 g 对水 40 kg；处理 2：99%恶霉灵 7.2 g+45%敌磺钠 72 g 对水 40 kg；处理 3：99%恶霉灵 4.5 g+25%咪鲜胺 45 mL 对水 40 kg；对照（CK）处理：清水 40 kg。将各处理药剂于豇豆播种前 5 d 对水后用喷水壶均匀喷洒小区土壤，每小区 1 畦，畦面宽 1.2 m，每畦种 2 行，小区面积 18 m²，每穴播种 2～3 粒，8 月 8 日播种。3 次重复，共 12 个小区，随机区组排列。

3. 防治效果的调查与统计方法

出苗后 60 d，调查小区根腐病的病株数，统计发病率，计算相对防效。发病率（%）=（病株数/调查株数）×100；相对防效（%）=100-（处理区发病率/对照区平均发病率）×100。将发病率、相对防效进行反正弦转换后进行方差分析，多重比较采用 SSR 法。

（二）结果与分析

1. 不同处理根腐病发病率和对根腐病的防效

在试验进行过程中，分别对各小区豇豆植株发生的根腐病进行调查。结果表明，处理 1、处理 2、处理 3 根腐病的平均发病率分别为 5.31%、4.35%、3.90%，其中以处理 3 对豇豆根腐病发病率最低，为 3.90%，比对照的 23.45% 低 19.55%；对连作地经恶霉灵与其他杀菌剂混合处理土壤后，豇豆根腐病的发病率明显降低；处理 1、处理 2、处理 3 对豇豆根腐病的相对防效分别为 77.36%、81.46%、83.39%，其中以处理 3 对豇豆根腐病的相对防效最好，对豇豆根腐病的相对防效达 83.39%（表 2-2）。

表 2-2　连作地不同药剂土壤处理控制根腐病试验结果（SSR 测验）

处　理	用药量	调查株数（株）	病株数（株）	发病率（%）	相对防效（%）
处理 1（恶霉灵）	0.67 g/m²	226	12	5.31B	77.36B
处理 2（恶霉灵 + 敌磺钠）	0.4 g/m²+4 g/m²	230	10	4.35B	81.46AB
处理 3（恶霉灵 + 咪鲜胺）	0.25 g/m²+2.5 g/m²	231	9	3.90B	83.39A
CK（清水）		226	53	23.45A	

注：表中大写英文字母不同者，表示差异极显著

2. 不同处理的差异显著性方差分析

经 SSR 测验，处理 1、处理 2、处理 3 与对照相比，豇豆根腐病的发病率差异极显著；处理 1、处理 2、处理 3 相互之间豇豆根腐病的发病率无显著差异；处理 1 与处理 3 相对防效差异极

显著；处理1与处理2、处理2与处理3相互间相对防效无极显著差异（表2-2）。

3. 对其他土传病害的影响

田间初步调查表明以上处理对枯萎病等其他土传病害也有一定的防效。

（三）小　结

1. 恶霉灵及其与咪鲜胺、敌磺钠的组合均能有效地控制豇豆根腐病的发生

豇豆连作田在翻耕整地后播种前5 d，用恶霉灵及咪鲜胺、敌磺钠混合对土壤进行消毒处理，均能有效地控制豇豆根腐病的发生，防治效果均达70%以上；处理3（99%恶霉灵4.5 g+25%咪鲜胺45 mL对水40 kg）喷洒后，豇豆根腐病的发病率最低，相对防效最好；其次是处理2（99%恶霉灵7.2 g+45%敌磺钠72 g对水40 kg）喷洒处理。

2. 应用成本以恶霉灵与敌磺钠组合最低，综合效益最好

在土壤消毒剂处理中，每500 m² 恶霉灵应用成本为250元，恶霉灵与咪鲜胺组合应用成本为250元，恶霉灵与敌磺钠组合应用成本为195元；其中以恶霉灵与敌磺钠组合应用成本最低，综合效益最好。

（四）讨论及结论

恶霉灵、咪鲜胺、敌磺钠均为高效、广谱、低毒型杀菌剂，具有内吸传导、保护和治疗等多重作用，对半知菌引起的多种病害防效极佳。土传病害豇豆根腐病病原为腐皮镰孢菌菜豆专化型［*Fusarium solani* f. sp. phaseoli（Burk.）Snyder et Hansen］，归半知菌亚门真菌，用恶霉灵及其他杀菌剂（咪鲜胺、敌磺钠）合理混合对土壤进行消毒处理，可对豇豆的土传病害根腐病有良好防效。试验采用99%恶霉灵与25%咪鲜胺乳

油、45%敌磺钠可溶性粉剂不同浓度组合混用，并对豇豆连作田进行土壤处理，通过调查各处理对豇豆根腐病的防效，表明不同处理都有一定的防效，尤以恶霉灵和咪鲜胺混用对土壤进行消毒处理的豇豆根腐病的发病率最低，相对防效最好；应用成本以恶霉灵和敌磺钠混用最低，综合效益最好，但敌磺钠作为防治豇豆根腐病病常规药剂，由于长期多年累积使用，使豇豆根腐病对其产生了抗药性，防治效果有所下降，建议对其有抗性的地区适当减少使用频率，待病菌对其抗药性降低后再轮换使用。至于对枯萎病等其他土传病害的具体防效有待今后将作进一步研究。

第三节　土壤修复剂防控豇豆土传病害的研究

　　针对丽水市莲都区豇豆连作障碍产生的主要原因是由于多年连续种植，土壤次生盐渍化、土壤养分供应不均衡，改变土壤理化特性，加剧土壤酸化，使土壤微生物活度下降，豇豆连作障碍治理关键技术应用和示范项目组通过引进土壤修复剂在莲都区碧湖镇魏村豇豆连作田内进行了 4 种（包含组合）不同土壤修复剂对豇豆产量和根腐病影响的试验，以期筛选豇豆连作障碍土壤的修复技术。

一、材料与方法

1. 试验地点和时间

　　试验设在丽水市莲都区碧湖镇魏村豇豆基地上，试验田 500 m^2，已连作两季种植豇豆，土质肥沃，灌溉方便，施肥水平中上；试验时间 2010 年 7 月 28 日至 10 月 25 日。

2. 供试材料

　　豇豆品种为春宝；供试土壤修复剂为亚联 1 号微生物肥

（美国亚联企业集团生产制造）、连作生物有机肥（杭州同力生物工程技术有限公司生产）、80%黄腐酸钾晶体（潍坊市同力园化工有限责任公司生产）。

3. 田间药效试验处理及方法豇豆供试材料：

试验设 5 个处理，3 次重复，共 15 个小区，随机区组排列，小区面积 24 m²（畦面积 18 m²）。处理 1：黄腐酸钾 540 g；处理 2：连作 675 g；处理 3：亚联 1 号 2.23 mL+伴侣对水喷洒；处理 4：黄腐酸钾 540 g+连作 675 g；对照（CK）处理。将土壤修复剂于豇豆播种前结合基肥深施（喷洒）于种植行，并以常规基肥深施于种植行作为对照。

4. 产量和防治效果的调查与统计方法

出苗后 60 d，调查小区根腐病的病株数，统计发病率，计算相对防效；投产后分小区记载产量，统计小区产量；观察豇豆嫩荚性状，调查荚长、单荚重。

$$发病率（\%）=（病株数/调查株数）\times 100$$
$$相对防效（\%）=100-（处理区发病率/$$
$$对照区平均发病率）\times 100$$

二、结果与分析

1. 连作地施用不同土壤修复剂对根腐病发病率的影响

试验进行过程中，分别对各小区豇豆植株发生的根腐病进行调查。结果表明，对连作地施用不同土壤修复剂后，豇豆根腐病的发病率明显降低，处理 1、处理 2、处理 3、处理 4 根腐病的平均发病率分别为 8.62%、9.57%、5.88%、5.41%，其中以处理 4 对豇豆根腐病发病率最低，为 5.41%，比对照的 23.93% 低 18.52 百分点（表 2-3）。

表 2-3　连作地施用不同土壤修复剂对根腐病发病率的影响

处　理	用药量	调查株数 （株）	病株数 （株）	发病率 （%）
处理 2（连作）	37.5 g/m²	115	11	9.57
处理 1（黄腐酸钾）	30 g/m²	116	10	8.62
处理 3（亚联 1 号）	0.126 mL/m²	119	7	5.88
处理 4（连作+黄腐酸钾）	37.5 g/m²+30 g/m²	111	6	5.41
CK		117	28	23.93

2. 连作地施用不同土壤修复剂对豇豆嫩荚性状的影响

试验表明连作地使用 4 种不同的不同土壤修复剂后对豇豆嫩荚性状均有明显影响，与对照相比豇豆荚长和单荚重均有增加。豇豆荚长增加幅度在 12.8%～22.6%，其中以处理 4 增幅最大，为 22.6%；豇豆单荚重增加幅度在 13.2%～24.1%，其中以处理 4 增幅最大，为 24.1%。同时豇豆嫩荚表现为不易纤维化、鼓粒略鼓，而对照豇豆嫩荚表现为易纤维化、不易鼓粒（表 2-4）。

表 2-4　连作地施用不同土壤修复剂对豇豆嫩荚性状的影响

处　理	荚长 （cm）	荚长 增幅 （%）	单荚重 （g）	单荚重 增幅 （%）	荚色	纤维化	鼓　粒
处理 2（连作）	59.2	13.2	34.4	13.5	绿	不易	略鼓
处理 1（黄腐酸钾）	59.0	12.8	34.3	13.2	绿	不易	略鼓
处理 3（亚联 1 号）	63.8	22.0	37.2	22.2	绿	不易	略鼓
处理 4（连作+黄腐酸钾）	64.1	22.6	37.6	24.1	绿	不易	略鼓
CK	52.3		30.3		略绿	易	不易

3. 连作地施用不同土壤修复剂对豇豆产量影响

试验表明连作地使用 4 种不同的不同土壤修复剂后对豇豆产量均有增产效果，与对照相比增产幅度在 20.90%～26.97%，其中以处理 4 增产效果最好，比对照相增产 26.97%（表 2-5）。

表 2-5　连作地施用不同土壤修复剂对豇豆产量影响

处　理	用药量	小区平均产量（kg）	折亩产（kg/667m²）	亩产比 CK 增幅（%）
处理 2（连作）	37.5 g/m²	59.82	1 662.50	20.90
处理 1（黄腐酸钾）	30 g/m²	60.51	1 681.67	22.29
处理 3（亚联 1 号）	0.126 mL/m²	62.08	1 725.31	25.47
处理 4（连作+黄腐酸钾）	37.5 g/m²+30 g/m²	62.83	1 746.06	26.97
CK		49.48	1 375.13	

4. 对其他土传病害的影响

田间初步调查表明以上处理对枯萎病等其他土传病害也有一定的防效。

三、小　结

1. 应用 4 种不同土壤修复剂可改善豇豆嫩荚性状、促进增产、减少根腐病发病率

4 种不同的土壤修复剂于豇豆播种前结合基肥深施于种植行后，均能有效地控制豇豆根腐病的发生，促进豇豆嫩荚性状的优化，达到豇豆产量的增加，表明 4 种不同的不同土壤修复剂对连作豇豆的连作障碍土壤有一定的修复作用，其中以处理 4（连作+黄腐酸钾）修复作用最好，其次是处理 3（亚联 1 号）。

2. 应用成本以黄腐酸钾最低，综合效益以连作与黄腐酸钾混用最好

在土壤修复剂处理中，黄腐酸钾应用成本为 100 元/500 m²，连作应用成本为 120 元/500 m²，亚联 1 号应用成本为 196 元/500 m²，连作与黄腐酸钾组合应用成本为 220 元/500 m²；应用成本以黄腐酸钾最低；综合效益以连作与黄腐酸钾组合最好，其次是亚联 1 号。

四、讨 论

有机肥能够改善土壤理化性状，增强土壤保水、保肥、供肥的能力；生物有机肥中的有益微生物还能在与土壤中微生物形成相互间的共生增殖关系，抑制有害菌生长。使用生物有机肥能增加土壤有益菌和微生物及种群，并在作物根系形成的优势有益菌群能抑制有害病原菌繁衍，增强作物抗逆抗病能力降低重茬作物的病情指数，可缓解连作障碍。

连作生物菌肥、黄腐酸钾、亚联 1 号均属有机肥，其中连作生物菌肥、亚联 1 号为生物有机肥。连作生物菌肥是由浙江大学农业与生物技术学院研制的有机生物菌肥，是针对作物常年连茬栽培，引起土壤营养失衡、酸碱失调、病菌积累，造成严重连作障碍的大棚、露地而开发的高新技术产品。亚联 1 号（BIO1ONE）是由美国亚联企业集团生产制造的生物有机肥，具有效滋养和改良土壤，消除土壤板结、平衡土壤 pH 值的功能，适用于各种扎根于土壤的农作物。黄腐酸钾具有改良土壤团粒结构、疏松土壤、固氮、解磷、活化钾，能提高土壤的保肥保肥能力，调节 pH 值，降低土壤中重金属的含量，减少盐离子对种子和幼苗的危害；起到增根壮苗、抗重茬、抗病、改良作物品质的作用，并且能强化植物根系的附着力和快速吸收能力，特别是对由于缺乏微量元素而导致的生理病害有明显的效果。因此使用连

作生物菌肥、黄腐酸钾、亚联 1 号能对连作障碍的土壤有修复作用，并提高植物的抗逆抗病能力，减少豇豆根腐、病枯萎病的发生，从而改善豇豆嫩荚性状、促进增产。至于它们对枯萎病等其他土传病害的防效将作进一步研究。

第四节 连作障碍土壤次生盐渍化防控技术研究

一、蔬菜土壤次生盐渍化现状调查

土壤盐渍化与次生盐渍化是当今世界土壤退化的主要问题之一[42]，过量施用化肥及不合理的灌溉管理措施造成土壤次生盐渍化等问题，从而导致蔬菜等作物产量、品质降低，不仅造成了水分和肥料的大量浪费，同时也产生了突出的生态与环境问题[43]。土壤次生盐渍化在设施栽培中比较常见；随着蔬菜产业的发展，由于蔬菜种植的高强度和集约化，露地蔬菜种植也出现不同程度的土壤次生盐渍化为害[44]。为了解本区蔬菜土壤次生盐渍化程度，制定防控技术措施，特开展了该专项调查。

（一）区域概况

莲都区位于北纬 28°06′~28°44′，东经 119°32′~120°08′，处浙江省西南部腹地，是"中国生态环境第一市"丽水市政府所在地，为全国蔬菜重点县、浙江省蔬菜强县。呈冬暖夏热，四季分明，雨量充沛，无霜期长之气候特征；非常适宜蔬菜生长发育。从 20 世纪 90 年代后期始，蔬菜生产发展迅速，至 2015 年蔬菜播种面积达 12 767 hm^2，产值 6.8 亿元。土地资源以丘陵、山地为主，占 87.0%；盆地仅为 12.8%，主要位于该区最重要蔬菜生产基地的碧湖镇，其菜地土壤以水稻土为主。

(二) 调查范围及内容

于 2016 年 6—8 月, 选择丽水市莲都区的碧湖镇及大港头镇的 12 个村、雅溪镇及峰源乡的 6 个村蔬菜基地, 分别代表盆地、丘陵山地的调查点, 每村布置 5 个或 10 个采样点, 共 170 个。调查露地和设施菜地 0~20 cm 的盐分, 同时了解肥料投入、轮作及设施年限等情况。

(三) 测定仪器、方法及评价指标

1. 测定仪器

PNT 3000 土壤盐度计, 购于北京博普特科技有限公司, 由德国 STEPS 公司生产。该仪器由传感器和显示屏两大部分组成, 传感器由不锈钢电极和热敏电阻两部分组成。其测定原理: 将传感器插入被测土壤后, 接收的被测土壤阻抗信号转换成与之对应的线性电压信号, 最终转换成土壤中的 PNT-value (活度盐分) 显示于与传感器连接的显示屏上, 即完成原位盐分的测定。该仪器一键启动即可完成所有操作, 适合野外原位土壤盐分测定作业。

2. 测定方法

该仪器原本所测值为原位土壤的 PNT-value (活度盐分), 不适应本调查的土壤盐分测定作业, 为此, 经取样、土样混匀、置入原土样等容积的容器、压实 4 个改进程序后, 再以盐度计法测定容器中土样的盐分, 以不同点位所测数值趋于稳定时, 即为 0~20 cm 土壤的 PNT-value。

3. 评价指标

测量 "活度盐分" 方法已在植物营养控制领域广泛应用, 通常适宜蔬菜生长的土壤 PNT-value 范围为 0.1~0.7 g/L, 但具体到不同种类的要求有所不同。经咨询经销商和生产商得知, PNT-value ≥ 1 g/L 时, 表明所测土壤为盐渍土, 否则为非盐

渍土。

（四）结果与分析

1. 露地蔬菜不同地貌土壤的"活度"盐分

从表2-6可知，露地蔬菜不同地貌土壤的"活度"盐分均值存在差异，且盆地的高于丘陵山地；以≥1 g/L为盐渍土指标，所测土壤中，38.3%的盆地露地菜地为盐渍土，而丘陵山地仅为16.7%；表明露地菜地中，丘陵山地的次生盐渍化程度低于盆地。这一结果与调查中发现，丘陵山地的蔬菜种植历史年限短、年种植时间短、肥料投入少、雨水淋洗强度大有关。

表2-6　露地蔬菜不同地貌土壤的"活度"盐分表现

地 貌	土样数（个）	最大值（g/L）	最小值（g/L）	平均值（g/L）	标准差	<1 g/L		1~2 g/L	
						土样数（个）	占比（%）	土样数（个）	占比（%）
盆　地	60	1.78	0.51	0.95	0.23	37	61.7	23	38.3
丘陵山地	30	1.26	0.43	0.75	0.20	25	83.3	5	16.7
全　部	90	1.78	0.43	0.89	0.24	62	68.9	28	31.1

2. 设施菜地不同种植年限土壤的"活度"盐分

从表2-7可知，设施菜地不同种植年限土壤"活度"盐分均值为1.80 g/L，为露地菜地的1.84倍。1~2年、3~4年、5~6年、7年以上设施菜地的均值分别为1.09 g/L、1.62 g/L、2.07 g/L、2.65 g/L；最大值为5.37 g/L，测于种植年限7年以上的设施菜地，为露地菜地最大值的3.02倍，且设施菜地的"活度"盐分随种植年限的增加而增加。以≥1 g/L为盐渍土指标，所测土壤中，93.8%的设施菜地为盐渍土；表明设施菜地总体上都呈现次生盐渍化。这一结果与调查中发现，设施菜地肥料投入上多年连续以鸡粪为主要基肥、化肥超量使用后土壤盐分积累、设施菜地复种指数高、盖膜后减少雨水淋洗、水旱轮作少等有关。

表 2-7　设施菜地不同种植年限土壤的"活度"盐分表现

种植年限(年)	土样数(个)	最大值(g/L)	最小值(g/L)	平均值(g/L)	标准差	<1 g/L土样数(个)	1~2 g/L土样数(个)	2~4 g/L土样数(个)	4~8 g/L土样数(个)	其中≥1 g/L占比(%)
1~2	20	1.38	0.81	1.09	0.14	4	16	0	0	80
3~4	25	2.24	0.87	1.62	0.37	1	18	6	0	96
5~6	20	2.71	1.29	2.07	0.32	0	8	12	0	100
≥7	15	5.37	1.51	2.65	1.15	0	5	8	2	100
全部	80	1.38	0.81	1.80	0.77	5	47	26	2	93.8

（五）讨　论

土壤次生盐渍化是由于人为活动不当，使原来非盐渍化的土壤发生了盐渍化或增强了原土壤盐渍化程度的过程[45]。国内外土壤盐渍化评价技术与方法有样品分析法、物探试验法、遥感信息技术法[46]。测定可溶性盐总量是评价土壤次生盐渍化的主要依据。常用的方法有残渣烘干法和电导法，其中残渣烘干法较为准确，但操作繁杂，较浪费能源和时间[47]；利用电导率计算含盐量的方法较为简便，但受土壤含水量的影响[48]。

经比对，本测定的定性结论与电导法的相同。至于能否利用土壤盐度计对盐渍土细分及如何细分有待今后的进一步研究。

（六）结　论

采用 PNT 3000 土壤盐度计现场测定菜地盐分，调查丽水市莲都区蔬菜土壤次生盐渍化现状。结果表明，170 个蔬菜土壤样点中，有 60.6% 的样点为盐渍土，其中设施菜地样点中 93.8% 为盐渍土。确定丽水市莲都区蔬菜土壤上已趋于次生盐渍化，其中设施菜地已次生盐渍化。同时，表明本土壤盐度计法评价土壤盐渍化，方法简便、快速、低成本，不失为一种快捷估测土壤盐渍化的新方法。

二、种植甜玉米对次生盐渍化菜地土壤的除盐效果

土壤盐渍化与次生盐渍化是当今世界土壤退化的主要问题之一[49]，土壤的盐碱化是世界范围内影响作物产量的重要非生物逆境[42]。一般情况下，土壤次生盐渍化在设施栽培中比较常见；随着蔬菜产业的发展，由于蔬菜种植的高强度和集约化，露地蔬菜种植也出现不同程度的土壤次生盐渍化为害[44]。丽水市莲都区地处浙西南山区，是全国蔬菜重点县，浙江省蔬菜强县，蔬菜产业上日益严重的次生盐渍化土壤急需改良。高密度种植甜玉米，降低土壤盐分，改良土壤次生盐渍化已有报道，但以常规种植规格种植甜玉米改良菜地土次生盐渍化的鲜有报道。为此开展本试验，以期确定其对菜地土壤的除盐效果及适宜的种植技术。

（一）材料与方法

1. 试验地概况

试验于 2016 年在丽水市莲都区郎奇村蔬菜基地的连栋大棚内，已连续 4 年用于种植蔬菜，前茬为番茄，年休闲期为 6 月中下旬至 9 月。土壤为重壤质，土壤表层干燥时有明显的白色返盐并板结表象，破碎后呈灰白色粉状，呈典型的土壤次生盐渍化状况。该土壤有机质含量为 14.6 g/kg，有效磷含量为 394.2 mg/kg，可溶性盐分含量为 6.2 g/kg，Na^+ 含量为 219 mg/kg，Cl^- 含量为 623.8 mg/kg，速效钾含量为 133 mg/kg，pH 值 7.88。

2. 试验设计

试验以由金华双依种子有限公司提供的"双依"甜玉米（*Zea mays* L. saccharata Sturt "Shuangyi"）为材料，小区面积

32 m²，畦面宽 1.2 m，每畦种 2 行，行距 60 cm；穴播干籽 2 粒，设 3 个不同株距处理（处理 1，处理 2，处理 3），分别为 10 cm、20 cm、30 cm；3 次重复，随机排列，以休闲为对照。6 月 26 日播种。试期大棚揭膜，不施肥料；出苗后灌溉水 5 次。8 月 18 日收获，整个生育期 53 d。

3. 样品采集与测定方法

于播种日和收获日采土样 2 次。以"S"形混合采样法，采集耕层 0~20 cm 土样，每小区取 5 点混合样，共 3 份平行样。两次土壤均测定速效钾、硝酸根、硫酸根、钙钾镁钠氯离子、可溶性盐含量。收获日以整株采集植株样，每处理随机取 20 株，现场称鲜重；挑选 5 株带回实验室，测株高、根长、鲜重、干重和氮磷钾含量。

4. 数据分析

试验数据经 Excel 2007 处理，采用 DPS 7.05 软件进行显著性检验（$p < 0.05$）。

（二）结果与分析

1. 不同处理对 0~20 cm 土壤盐基离子及可溶性盐含量的影响

从表 2-8 可知，与对照相比，3 种不同处理有如下结果：①0~20 cm 土壤盐基离子含量都显著降低，其中钙镁钾钠 4 种盐基阳离子分别平均降低 24.2%、17.9%、20.1%、33.2%，硝酸根、硫酸根、氯离子 3 种盐基阴离子分别降低 41.9%、38.8% 和 35.4%，阴离子平均降幅是阳离子的 1.62 倍。②土壤 K^+/Na^+ 比值均有显著增加，其增幅都在 16.7% 以上，但以处理 1 增幅最大，为 21.5%。③能降低 0~20 cm 土壤 36.2% 以上的盐含量；但以处理 3 除盐效果最佳，较对照降低 46.6%。

可见，种植甜玉米后土壤盐含量显著降低，与其吸收盐分离子，特别是与吸收次生盐渍化土壤中的硝酸根、硫酸根、氯这 3 种重要酸根阴离子和钠盐基阳离子的能力关系较为密切。同时，土壤 K^+/Na^+ 比值增加，促进作物的生长和产量的增加。

表2-8 不同处理对 0~20 cm 土壤中盐基离子及可溶性盐含量的影响

| 处理 | 盐基离子含量（mg/kg） | | | | | | | 土壤盐含量（g/kg） | 除盐率（%） | K^+/Na^+ | K^+/Na^+ 增幅（%） |
	Na^+	Ca^{2+}	速效钾	Mg^{2+}	NO_3^-	SO_4^{2-}	Cl^-				
CK	217a	413a	131a	71a	125a	94a	612a	5.8a		0.604c	
处理1	143b	309d	105b	58b	71b	57b	395b	3.7b	36.2	0.734a	21.5
处理2	146b	313c	103b	59b	73b	58b	393b	3.6b	37.9	0.705b	16.7
处理3	146b	317b	106b	59b	74b	58b	400b	3.1c	46.6	0.726ab	20.2

2. 不同处理对甜玉米生物学性状的影响及秸秆还田后带入的养分情况

从表2-9可知，3 种不同处理经53 d后，①植株高、根系下扎深度、鲜重和干重之间存在差异，但处理 3 及处理 2 总体生长性状优于处理 1；②每 667 m² 生物量差异显著，但都在 2 496.4 kg 以上，其中处理 1 最高，其次为处理 2。

由于生长空间等因素，不同处理对甜玉米牧草的生物学性状有明显影响，密度低有利于对个体的生长，密度高有利于总体的生物学产量。甜玉米秸秆的高产量及高含氮钾量，可作为牧草，或还田，最终还田后为土壤带入养分。3 种处理每 667 m² 生物量还田相当于施用土壤 23.0~33.7 kg 尿素、33.1~48.5 kg 过磷酸钙和 14.5~21.1 kg 硫酸钾的化肥氮磷钾养分。

表 2-9 不同处理对甜玉米生物学性状的影响及亩秸秆
还田后带入的养分情况

处 理	生物学性状				
	株鲜重 （g）	株干重 （g）	株均高 （cm）	根系深度 （cm）	含水量 （%）
处理 1	197.1c	24.4c	204.0a	11.8b	87.6
处理 2	293.9b	34.3b	191.2b	12.4b	88.3
处理 3	356.5a	40.3a	201.5a	15.6a	88.7

处 理	生物量及秸秆还田后带入的养分情况						
	生物量 （kg/ 667m^2）	养分含量（%）			秸秆还田相当于化肥用量 （kg/667m^2）		
		全氮	全磷	全钾	尿素	过磷酸钙	硫酸钾
处理 1	3 352.0a	3.73	0.817	2.03	33.7	48.5	21.1
处理 2	2 645.9b	3.72	0.819	2.05	25.0	36.2	15.9
处理 3	2 496.4b	3.75	0.821	2.05	23.0	33.1	14.5

（三）结 论

本试验以 3 种不同种植规格种植甜玉米，均可在较短时间内显著降低 0~20 cm 土壤盐分 36.2%以上，改良效果明显；其中以常规种植方式的除盐效果最好，为 41.4%。同时甜玉米秸秆可为牧草和绿肥，最终还田可改善土壤质地，增强土壤保肥供肥能力，减少化肥投入，促进改良土壤次生盐渍化的良性循环系统构建。可见，种植甜玉米可作为改良土壤次生盐渍化的重要技术措施，特别是常规种植规格在种植时间上稍作延长，即可收获甜玉米及其秸秆，更利于农民的接受和技术的推广。

三、墨西哥玉米牧草不同播种量对早期产量的影响及对土壤的除盐效果

土壤盐渍化与次生盐渍化是当今世界土壤退化的主要问题之

一[42]，土壤的盐碱化是世界范围内影响作物产量的重要非生物逆境[49]，我国盐渍土总面积约 $3.3×10^7\ hm^2$，特别是沿海地区，土地盐碱化盐渍化十分严峻[50]。一般情况下，土壤次生盐渍化在设施栽培中比较常见；随着蔬菜产业的发展，由于蔬菜种植的高强度和集约化，露地蔬菜种植也出现不同程度的土壤次生盐渍化危害[44]。禾本科牧草因其具有较强的生态适应性，较高的产量和饲用价值，成为盐碱地改良的首选牧草[51]。种植 C_4 类禾本科牧草是一种较为理想的生物除盐措施[52]，甜玉米作为填闲作物，可降低土壤剖面电导率，延缓由于降雨或灌水而造成大部分盐分向深层次土壤淋失的风险[53]。莲都区地处浙西南山区，是全国蔬菜重点县，浙江省蔬菜强县，蔬菜产业上日益严重的次生盐渍化土壤急需改良，但种植墨西哥玉米牧草改良蔬菜土次生盐渍化鲜有报道，为此开展本试验，以期确定其对蔬菜土壤的除盐效果及适宜的播种量。

（一）材料与方法

1. 试验地概况

试验于丽水市莲都区郎奇村蔬菜基地的连栋大棚内，已连续 4 年用于种植蔬菜，前茬为番茄，年休闲期为 6 月中下旬至 9 月。土壤为重壤质，土壤表层干燥时有明显的白色返盐并板结表象，破碎后呈灰白色粉状，呈典型的土壤次生盐渍化状况[54]。该土壤有机质含量为 $14.6\ g/kg$，有效磷含量为 $394.2\ mg/kg$，可溶性盐分含量为 $6.2\ g/kg$，Na^+ 含量为 $219\ mg/kg$，Cl^- 含量为 $623.8\ mg/kg$，速效钾含量为 $133\ mg/kg$，pH 值 7.88。

2. 试验设计

试验以草优 12 墨西哥玉米为材料，小区面积 $32\ m^2$，畦面宽 1.2 m，每畦种 2 行，条播，行距 60 cm，设 3 个不同播种量处理（处理 1、处理 2、处理 3），分别为 100 g、150 g、200 g；3 次重复，随机排列，以休闲为对照。6 月 26 日播种。试期大棚揭膜，不施肥料；出苗后灌溉水 5 次。8 月 18 日收获，整个生育期 53 d。

3. 样品采集与测定方法

分别于播种日和收获日采集土样 2 次。以 "S" 形混合采样法，采集耕层 0~20 cm 土样，每小区取 5 点混合样，共 3 份平行样。两次土壤均测定速效钾、硝酸根、硫酸根、钙钾镁钠氯离子、可溶性盐含量。收获日以整株采集植株样，每处理随机取 20 株，现场称鲜重；挑选 5 株带回实验室，测株高、根长、鲜重、干重和氮磷钾含量。土壤中各项指标的测定参考土壤农化分析。

4. 数据分析

试验数据经 Excel 2007 处理，采用 DPS 7.05 软件进行显著性检验（$p<0.05$）。

（二）结果与分析

1. 不同播种量种植对墨西哥玉米牧草生物学性状的影响

3 种不同处理，对植株高、根系下扎深度、鲜重和干重之间存在差异。处理 1、处理 2 的株高显著高于处理 3；处理 2 与处理 3 的根系下扎深度差异显著；3 个处理之间株鲜重差异显著（表 2-10）。根系下扎深度、鲜重、干重由高（重）至低（轻）呈现处理 2>处理 1>处理 3 之趋势。试验表明不同播种量处理，由于生长空间等因素，对墨西哥玉米牧草的生物学性状有明显影响，但处理 2 总体生长性状良好。

表 2-10　墨西哥玉米不同播种量的生物学性状调查

处　理	平均株高（cm）	根系深度（cm）	株鲜重（g）	株干重（g）	含水量（%）
处理 2	155.3a	13.1a	127.3a	14.3a	88.8

（续表）

处　理	平均株高 （cm）	根系深度 （cm）	株鲜重 （g）	株干重 （g）	含水量 （%）
处理1	154.6a	12.3ab	101.4b	12.9b	87.3
处理3	139.7b	11.9b	78.5c	9.6c	87.7

注：表中同列数字后不同小写字母表示差异显著（$p<0.05$），下表同

2. 不同播种量种植对 0～20 cm 土壤盐含量的影响

3 种不同播种量处理，与对照相比，0～20 cm 土壤盐含量差异显著；处理 1 与处理 3 之间差异不显著；但 3 种不同播种量处理均能降低 0～20 cm 土壤 32.8%以上的盐含量；其中，以处理 2 除盐效果最佳，较对照降低 41.4%；其次是处理 1，降低 34.5%（表 2-11）。

表 2-11　不同播种量种植对 0～20 cm 土壤盐含量的影响

处　理	处理2	处理3	处理1	CK	基础值
土壤盐含量（g/kg）	3.4c	3.8b	3.9b	5.8a	6.2
除盐率（%）（与CK比较）	41.4	34.5	32.8		

3. 不同播种量种植对 0～20 cm 土壤中盐基离子含量的影响

从表 2-12 可知，与对照相比，3 种不同播种量处理的影响为：①0～20 cm 土壤盐基离子含量都显著降低。②钙镁钾钠 4 种盐基阳离子分别平均降低 20.7%、17.1%、22.4%、30.4%；硝酸根、硫酸根、氯离子 3 种盐基阴离子分别降低 41.3%、35.4%和 38.5%。③钠离子降幅都在 29.5%以上；其中，处理 2 钠离子降幅最大，为 31.3%；其次，处理 1 降幅为 30.4%；再次，处理 3 降幅为 29.5%。④阴离子平均降幅是阳离子的 1.70 倍。可见，种植墨西哥玉米牧草后土壤盐含量显著降低，与其吸收盐分离子，特别是与吸收次生盐渍化土壤中的硝酸根、硫酸根、氯

这 3 种重要酸根阴离子和钠盐基阳离子的能力关系较为密切[52]。

表 2-12　不同播种量种植对 0~20 cm 土壤中盐基离子含量的影响

处 理	Na+		Ca2+		K+		Mg2+		NO3-		SO4^2-		Cl-	
	含量 (mg/ kg)	减少 (%)	含量 (mg/ kg)	减少 (%)	含量 (mg/ kg)	减少 (%)	含量 (mg/ kg)	减少 (%)	含量 (mg/ kg)	减少 (%)	含量 (mg/ kg)	减少 (%)	含量 (mg/ kg)	减少 (%)
CK	217a		413aa		131a		71a		125a		94a		612a	
处理3	153b	29.5	321d	22.3	102b	22.1	59b	16.9	73b	41.6	60b	36.2	367c	40.0
处理1	151bc	30.4	329c	20.3	100b	23.7	59b	16.9	75b	40.0	61b	35.1	394b	35.6
处理2	149c	31.3	333b	19.4	103b	21.4	59b	16.9	72b	42.4	61b	35.1	368c	39.9

4. 不同播种量种植对 0~20 cm 土壤 K^+/Na^+ 比值的影响

与对照相比，3 种不同播种量处理，土壤中的 K^+/Na^+ 比值均有显著增加，其增幅都在 10.0% 以上。但处理 1 与处理 3；处理 2 与处理 3 之间差异不显著；3 种处理中以处理 2 增幅最大，为 15.0%；增幅最小为处理 1，为 10.0%（表 2-13）。总体看来，随播种量的增加，K^+/Na^+ 比值有增加之势，但其增幅主要还是与植物吸收 K^+、Na^+ 能力相关。土壤中的 K^+/Na^+ 比这一参数对盐碱地作物的生长十分重要，且绝大多数盐碱地都存在 K^+/Na^+ 比值过小的现象[54]。对于多年过量施肥鸡粪的土壤尤为如此，因为鸡粪含有较多的 Na^+，施入土壤后 Na^+ 存量大，导致植物体中 K^+、Na^+ 平衡和正常代谢受到破坏，植物细胞膜透性增加，体内 K^+ 外流，体内 K^+ 含量减少，致使作物产量下降。K^+/Na^+ 比值的增加，有利于作物的生长和产量的增加。

表 2-13　不同播种量种植对 0~20 cm 土壤 K⁺/Na⁺比值的影响

项　目	处理 2	处理 3	处理 1	CK
K⁺/Na⁺	0. 69a	0. 67ab	0. 66b	0. 60c
增幅（%）	15. 0	11. 7	10. 0	

5. 不同播种量种植的生物量及秸秆还田后带入的养分情况

3 种不同播种量的墨西哥玉米牧草经 53 d 种植，每 667 m² 生物量差异显著，但都在 2 738.9 kg 以上，其中处理 3 最高，其次为处理 2（表 2-14）。墨西哥玉米牧草的高产量及高含氮钾量，其秸秆可作为牧草，或还田，最终还田后为土壤带入养分。3 种处理每 667 m² 生物量还田相当于施用土壤 30.3~44.2 kg 尿素、33.7~49.6 kg 过磷酸钙和 25.5~37.2 kg 硫酸钾的化肥氮磷钾养分。可见，种植墨西哥玉米牧草不仅能牲畜提供优良的草料，还能为土壤增加数量可观的养分。

表 2-14　不同播种量亩产秸秆还田后带入的养分

处　理	生物量（kg/667 m²）	养分含量（%）			秸秆还田相当于化肥用量（kg/667 m²）		
		全氮	全磷	全钾	尿素	过磷酸钙	硫酸钾
处理 3	4 159.8a	3. 97	0. 678	2. 91	44. 2	49. 6	37. 2
处理 2	3 820.5b	3. 96	0. 676	2. 89	36. 8	41. 3	30. 9
处理 1	2 738.9c	4. 01	0. 679	2. 93	30. 3	33. 7	25. 5

（三）结　论

本试验 3 种不同播种量种植墨西哥玉米牧草都可在较短时内大幅降低土壤中各盐基离子，能降低表层 0~20 cm 土壤盐分 32.8%以上，其中以播种量 4.7 g/m 的除盐效果最好，为 41.4%。在显著降低 0~20 cm 土壤的盐含量的同时，并增加土壤

溶液中 K^+/Na^+ 比，缓和 K^+、Na^+ 平衡，维护植物的正常代谢，促进作物的生长和产量的增加，对次生盐渍化的菜田土壤改良效果明显。研究所选的墨西哥玉米为牧草和绿肥皆可，最终还田为有机肥，可改善土壤质地，增强土壤保肥供肥能力，减少化肥投入，促进改良蔬菜土壤次生盐渍化的良性循环系统构建。可见，种植墨西哥玉米牧草可作为改良菜田土壤次生盐渍化的重要技术措施，特别对不能实现水旱轮作的菜田土壤意义更重大。

四、种植 5 种 C_4 作物对菜田土壤次生盐渍化改良作用的初步研究

土壤盐渍化与次生盐渍化是当今世界土壤退化的主要问题之一[42]，土壤的盐碱化是世界范围内影响作物产量的重要非生物逆境[49]，我国盐渍土总面积约 $3.3×10^7 hm^2$，特别是沿海地区，土地盐碱化盐渍化十分严峻[50]。过量施用化肥及不合理的灌溉管理措施造成土壤次生盐渍化等问题，从而导致蔬菜等作物产量、品质降低，不仅造成了水分和肥料的大量浪费，同时也产生了突出的生态与环境问题[43]。一般情况下，土壤次生盐渍化在设施栽培中比较常见；随着蔬菜产业的发展，由于蔬菜种植的高强度和集约化，露地蔬菜种植也出现不同程度的土壤次生盐渍化为害[44]。甜玉米作为填闲作物种植，可降低土壤剖面电导率，延缓由于降水或灌水而造成大部分盐分向深层次土壤淋失的风险[53]。种植毛苕子、苏丹草、甜玉米和苋菜均能降低土壤中可溶性盐分含量，且其与种植密度呈正相关[55]。近年来，国内外对利用 C_4 作物改良盐渍土的研究取得了明显进展，但大都集中在 C_4 作物耐盐品种的选育、耐盐机理及改良盐渍土机理的研究。涉及有关 C_4 作物的具体品种对盐渍土的改良研究不多，对于墨西哥玉米、高丹草及常规密度种植甜玉米改良蔬菜土次生盐渍化鲜有报道，丽水市莲都区地处浙西南山区，是全国蔬菜重点县，

蔬菜产业上日益严重的次生盐渍化土壤急需改良；禾本科牧草为盐碱地改良的首选牧草[51]。种植 C_4 类禾本科牧草是一种较为理想的生物除盐措施[52]，但该技术研究在本地尚未开展，为此以适应性强、产量高、兼具牧草和绿肥功能的 C_4 作物为标准选择耐盐作物，开展试验，探索土壤次生盐渍化改良新技术，以改良本地次生盐渍化土壤和减缓土壤次生盐渍化的进程。

（一）材料与方法

1. 试验材料与设计

试验地位于丽水市莲都区郎奇村设施蔬菜基地大棚内，已连续 4 年用于种植黄瓜、番茄，前茬番茄，每年休闲期间为 6 月中下旬至 9 月。重壤质土壤，土壤表层干燥时有明显的白色返盐并板结表象，破碎后呈灰白色粉状，呈典型的土壤次生盐渍化状况[42]。该土壤有机质含量为 14.6 g/kg，有效磷含量为 394.2mg/kg，可溶性盐分含量为 6.2g/kg，Na^+ 含量为 219mg/kg，Cl^- 含量为 623.8mg/kg，速效钾含量为 133mg/kg，pH 值 7.88。试验于 2016 年 6~8 月进行，参试的 C_4 作物品种有 5 个，分别为从百绿公司购买的"大力士"甜高粱（*Sorghum* "Hunnigreen forage"），"先锋"高丹草（*Sorghum bicolor×Sorghum sudanense* "PaceSetter"），"草优 12"墨西哥玉米（*Euchlaena Mexicana* "Caoyou 12"），"普通"苏丹草（*Sorghum sudanense* Stapf），及由金华双依种子有限公司提供的"双依"甜玉米（*Zea mays* L. saccharata Sturt "Shuangyi"）；其中甜玉米、甜高粱、苏丹草 3 种材料是从已有报道中为除盐效果显著的植物中挑选而来。共设 6 个处理，5 个作物和 1 个对照（休闲）。每小区 1 畦，面积 32m²，畦面宽 1.2m，每畦种 2 行；6 月 26 日播种，甜玉米穴播，穴播 2 粒，株距 30 cm；其余撒播，播种量150g；3 次重复，随机区组排列。试验期间大棚揭膜，不施肥料；出苗期灌溉 5 次水。8 月 18 日收获，整个生育期 53d。

2. 主要仪器与药品

FP6420 型火焰分光光度计（上海洪纪仪器设备有限公司，中国），721N 可见分光光度计（上海精密科学仪器有限公司，中国），HH-S1 数显恒温油浴锅（河北润联机械设备有限公司，中国），EL30k 电导率仪（梅特勒—托利多，瑞士），T6 紫外可见光分光光度计（普析通用，中国），VAP450 凯氏定氮仪（Gerhardt 公司，德国）。所有药品均为分析纯。

3. 样品采集

于 6 月 26 日播种采集土样，以"S"形混合采样法，采集耕层 0~20cm 土样，每小区取 5 点混合样，共 3 份平行样，当天内带回实验室。8 月 18 日收获时采集植株样及土样，植株样以整株采集，每处理随机取 20 株，现场称鲜重，并挑选 3 株带回实验室；土样采集同上次。

4. 测定指标及测定方法

两次土样均测定土壤可溶性盐含量、速效钾、硝酸根、硫酸根、钙镁钾钠氯离子，播种日土样增测土壤有机质、有效磷含量。植株样测株高、根长、鲜重、干重和氮磷钾含量。

土壤可溶性盐总量按 NY/T 1121.16—2006 测定，速效钾按 NY/T 889—2004 测定，NO_3^- 含量采用紫外分光光度法，SO_4^{2-} 含量采用 EDTA 滴定法测定，土壤交换性钙/镁按 NY/T 1121.13—2006 测定，Na^+ 含量采用火焰分光光度法，Cl^- 含量采用硝酸银滴定法。

植株样测定株高、根长、鲜重、干重，以及全氮、全磷、全钾含量。全氮采用凯氏定氮法，全磷采用钼锑抗比色法，全钾采用火焰分光光度计法。

5. 数据处理

试验数据经 Excel 2007 处理，采用 Spss11.0 软件进行显著性检验（$p<0.05$）。

（二）结果与分析

1. 5 种 C_4 作物生物学性状

从表 2-15 可知，种植 53 d 时，植株高、根系下扎深度、鲜重和干重之间存在差异。株高由高至低呈现甜玉米>高丹草>甜高粱>墨玉米>苏丹草趋势；根长由长至短呈现甜高粱>甜玉米>高丹草>墨玉米>苏丹草趋势；鲜重和干重最高的为甜玉米，其次是墨玉米，鲜重和干重最小的为苏丹草；墨玉米中含水量最高，苏丹草最低。

表 2-15　5 种 C_4 作物生物学性状调查

植　物	平均株高（cm）	根系深度（cm）	株鲜重（g）	株干重（g）	含水量（%）
甜高粱	158.8b	16.7a	92.6c	12.5bc	86.5
甜玉米	201.5a	15.6a	356.5a	40.3a	88.7
墨玉米	155.3b	13.1bc	127.3b	14.3b	88.8
高丹草	201.2a	14.3b	96.8c	14.2bc	85.3
苏丹草	148.6b	12.2c	78.0d	12.0c	84.6

注：表中同列数字后不同小写字母表示差异显著（$p<0.05$），下表同

2. 种植 5 种 C_4 作物对 0~20 cm 土壤盐含量的影响

从表 2-16 可知，与对照相比，种植 5 种 C_4 作物 53 d 后可显著降低 0~20 cm 土壤的盐含量；其中以甜玉米除盐效果最佳，较对照降低 46.6%；其次是甜高粱，降低 44.8%；墨玉米位次为 3；最低的为苏丹草，降低 20.7%。但总体上皆能达到除盐 20% 以上的效果。

表 2-16　种植 5 种 C_4 作物对 0～20 cm 土壤盐含量的影响

处　理	甜高粱	甜玉米	墨玉米	高丹草	苏丹草	CK	基础值
土壤盐含量（g/kg）	3.2ab	3.1a	3.4bc	3.7c	4.6d	5.8	6.2
除盐率（%）（与 CK 比较）	44.8	46.6	41.4	36.2	20.7		

　　3. 种植 5 种 C_4 作物对 0～20 cm 土壤中盐基离子含量的影响

　　从表 2-17 可知，与对照相比，种植 5 种 C_4 作物后有以下影响：①0～20 cm 土壤盐基离子含量都显著降低；②钙、镁、钾、钠 4 种盐基阳离子分别平均降低 21.0%、19.2%、19.7%、27.7%；硝酸根、硫酸根、氯离子 3 种盐基阴离子分别降低 39.8%、33.9% 和 37.0%；③甜高粱处理钠离子降幅最大，33.2%，其次甜玉米处理，降幅 32.7%，墨玉米位次为 3，降幅 31.3%，苏丹草处理降幅最小，仅为 18.4%；④阴离子平均降幅是阳离子的 1.68 倍。可见，种植 5 种 C_4 作物后土壤盐含量明显降低，与 C_4 作物吸收盐分离子，特别是与吸收次生盐渍化土壤中的硝酸根、硫酸根、氯这 3 种重要酸根阴离子[56]的能力关系甚为密切。

表 2-17　种植 5 种 C_4 作物对 0～20 cm 土壤中盐基离子含量的影响

处　理	Na^+ 含量 (mg/kg)	减少 (%)	Ca^{2+} 含量 (mg/kg)	减少 (%)	K^+ 含量 (mg/kg)	减少 (%)	Mg^{2+} 含量 (mg/kg)	减少 (%)	NO_3^- 含量 (mg/kg)	减少 (%)	SO_4^{2-} 含量 (mg/kg)	减少 (%)	Cl^- 含量 (mg/kg)	减少 (%)
CK	217 a		413 a		131 a		71 a		125 a		93.8 a		612 a	
甜高粱	145 c	33.2	317 cd	23.3	98 b	25.2	56 c	22.0	78 b	37.6	69 b	26.8	384 c	37.2
甜玉米	146 c	32.7	317 cd	23.3	106 b	19.1	59 b	17.9	72 b	40.8	58 c	38.7	400 d	34.7
墨玉米	149 c	31.3	333 bc	19.4	103 b	21.4	59 b	17.2	72 b	42.4	61 bc	35.3	368 d	39.9

（续表）

处　理	Na+		Ca²⁺		K⁺		Mg²⁺		NO₃⁻		SO₄²⁻		Cl⁻	
	含量 (mg/ kg)	减少 (%)	含量 (mg/ kg)	减少 (%)	含量 (mg/ kg)	减少 (%)	含量 (mg/ kg)	减少 (%)	含量 (mg/ kg)	减少 (%)	含量 (mg/ kg)	减少 (%)	含量 (mg/ kg)	减少 (%)
高丹草	168 b	22.6	357 b	13.6	109 b	16.8	57 bc	19.9	75 b	40	64 bc	32.3	385 c	37.1
苏丹草	177 bc	18.4	309 d	25.2	110 b	16.0	57 bc	19.2	77 b	38.4	59 c	36.7	392 bc	35.9

4. 种植 5 种 C_4 作物对 0~20 cm 土壤 K^+/Na^+ 比值的影响

从表 2-18 可知，种植 5 种 C_4 作物后土壤中的 K^+/Na^+ 比值均有增加，以甜玉米处理增幅最大，为 21.7%；其次是墨玉米处理；增幅最小是苏丹草处理，仅为 3.3%。K^+/Na^+ 比值的增加，有利于农作物的生长和产量的增加。

表 2-18　种植 5 种 C_4 作物对 0~20 cm 土壤 K^+/Na^+ 比值的影响

处　理	甜玉米	墨玉米	甜高粱	高丹草	苏丹草	CK
K^+/Na^+	0.73 a	0.69ab	0.68 ab	0.65 bc	0.62 c	0.60 c
增幅/%	21.7	15.0	13.3	8.3	3.3	

5. 种植 5 种 C_4 作物的生物量及秸秆还田后带入的养分情况

从表 2-19 可知，经 53 d 种植的 5 种 C_4 作物每 667 m² 生物量以墨玉米最高，其次为甜高粱，苏丹草最低。墨玉米因产量高，且含氮钾量高，其亩产秸秆最终还田后带入的养分，相当于施用 36.8 kg 尿素、41.3 kg 过磷酸钙和 30.9 kg 硫酸钾。5 种 C_4 作物秸秆还田皆可带入数量可观的养分。

表 2-19 C$_4$作物亩产秸秆还田后带入的养分

处　理	生物量（kg/667 m^2）	养分含量（%）			秸秆还田相当于化肥用量（kg/667 m^2）		
		全氮	全磷	全钾	尿素	过磷酸钙	硫酸钾
墨玉米	3 820.5a	3.96	0.676	2.89	36.8	41.3	30.9
高丹草	3 098.8b	3.64	0.471	2.12	36.0	30.7	24.1
甜高粱	3 241.1b	3.79	0.719	2.46	36.1	44.9	26.9
甜玉米	2 496.4c	3.75	0.821	2.05	23.0	33.1	14.5
苏丹草	2 263.8c	3.96	0.631	2.50	30.0	31.4	21.8

（三）讨论与结论

不仅直接土壤次生盐渍化对作物的为害是生理性的，除直接为害作物的生长，土壤中盐分的积累影响到土壤微生物活性，还会导致微生物种群和数量的变化[57]。作物正常生长需要适宜的盐度，已经或者趋于次生盐渍化的土壤超过作物适宜的盐度，就必须采取相应的措施。生物除盐是一项种植吸收能力强的植物吸收土壤的盐分，达到降低土壤盐分的技术。

本试验研究了甜高粱、甜玉米、墨西哥玉米、高丹草、苏丹草 5 种 C$_4$作物对次生盐渍化菜田土壤的除盐效果，结果表明 5 种 C$_4$作物经 53 d 后种植，土壤中各盐基离子大幅降低，表层土壤盐分都能降低 20.7% 以上；其中甜玉米除盐效果最好，为 46.6%，甜高粱次之，这一研究结果与已有的研究结果基本相同[56]，同时说明生物除盐对次生盐渍化菜田土壤的改良是可行的。

土壤中的 K$^+$/Na$^+$ 比这一参数对盐碱地作物的生长十分重要，且绝大多数盐碱地都存在 K$^+$/Na$^+$ 比值过小的现象[54]。特别是多年过量施肥鸡粪的土壤，土壤中 Na$^+$ 大量存在，导致植物体中 K$^+$、Na$^+$ 平衡和正常代谢受到破坏，植物细胞膜透性增加，体内

K^+外流，体内 K^+ 含量减少，致使农作物产量下降。增加土壤溶液中 K^+/Na^+ 比，可缓和 K^+、Na^+ 平衡，可促进当季及下茬植物体内 K^+、Na^+ 平衡，维护植物的正常代谢，实现作物产量的提高。种植上述 5 种 C_4 作物后，土壤的 K^+/Na^+ 比都有增加，其中甜玉米处理增幅最大，其次是墨玉米处理，苏丹草处理的增幅不显著，这一结果也说明生物除盐对次生盐渍化菜田土壤的改良是可行的，但同时也表明生物除盐时选择植物对改良的效果非常重要。

本试验所分析土壤中各种盐分时所选择的土壤层为 0～20 cm，是基于多数作物 70%～80% 的根系都分布于此层，分析此层的效果对于目标作物的生长意义重大[55]。研究所设计的种植密度是本地经已有的试验优选的，所选的除盐植物中墨西哥玉米和高丹草在改良蔬菜土壤次生盐渍化鲜有报道；特别是研究发现了常规密度种植甜玉米也具有良好的除盐效果，这对改良次生盐渍化土壤的具重要现实意义，也增加了以后本技术向农民推广的接受程度。研究所选作物为绿肥和牧草皆可，最终还田为有机肥，可改善土壤质地，增强土壤保肥供肥能力，减少化肥投入，对构建蔬菜土壤次生盐渍化的循环系统的改良也具重要现实意义。发现墨西哥玉米具除盐效果好、产量高、养分高之特点，也利于今后的推广。下一步将展开关于对所试的 C_4 作物作为绿肥还田后改良土质及土壤改良后种植下茬作物产量和品质等方面的研究。

种植甜玉米、墨西哥玉米、甜高粱、高丹草、苏丹草可在较短的时间内，降低土壤盐分，可作为改良菜田土壤次生盐渍化的重要技术措施；甜玉米、墨西哥玉米、甜高粱均可作为改良菜田土壤次生盐渍化的优选除盐作物。

五、基于土壤盐度计测定的蔬菜土壤次生盐渍化评价新技术及应用

土壤盐渍化与次生盐渍化是当今世界土壤退化的主要问题之一[42]，过量施用化肥及不合理的灌溉管理措施造成土壤次生盐渍化等问题，从而导致蔬菜等作物产量、品质降低，不仅造成了水分和肥料的大量浪费，同时也产生了突出的生态与环境问题[43]。土壤次生盐渍化是由于人为活动不当，使原来非盐渍化的土壤发生了盐渍化或增强了原土壤盐渍化程度的过程[45]。国内外土壤盐渍化评价技术与方法有样品分析法、物探试验法、遥感信息技术法[46]。测定可溶性盐总量是评价土壤次生盐渍化的主要依据。常用的方法有残渣烘干法和电导法，其中残渣烘干法较为准确，但操作繁杂，较浪费能源和时间[58]。本法评价土壤盐渍化，方法简便、快速、低成本，不失为一种快捷估测土壤盐渍化的新方法。

（一）评价技术

1. 样点选择

样点选择方法与常用的残渣烘干法和电导法相同，但采样点可适当增加。

2. 取样范围

基于多数作物 70% ~ 80% 的根系都分布于 0 ~ 20 cm 土壤层，为此，通常以 0 ~ 20 cm 土壤层为取样范围。

3. 测定仪器

PNT 3000 土壤盐度计，由德国 STEPS 公司生产。该仪器由传感器和显示屏两大部分组成，传感器由不锈钢电极和热敏电阻两部分组成。其测定原理：将传感器插入被测土壤后，接收的被测土壤阻抗信号转换成与之对应的线性电压信号，最终转换成土

壤中的 PNT-value（活度盐分）显示于与传感器连接的显示屏上，即完成原位盐分的测定。该仪器一键启动即可完成所有操作，适合野外原位土壤盐分测定作业。

4. 测定方法及效率

该仪器原本所测值为原位土壤的 PNT-value（活度盐分），不适应土壤层的土壤盐分测定作业，为此，经取样、土样混匀、置入原土样等容积的容器、压实 4 个改进程序后，再以盐度计法测定容器中土样的盐分，以不同点位所测数值趋于稳定时，即为 0~20 cm 土壤的 PNT-value。每个样点从取样到结果数值获得一般能在 5min 之内完成，非常快捷。

5. 评价指标

通常适宜蔬菜生长的土壤 PNT-value 范围为 0.1~0.7 g/L。当 PNT-value≥1 g/L 时，表明所测土壤为盐渍土，否则为非盐渍土。

（二）实例应用及分析

1. 应用区域概况

丽水市莲都区位于北纬 28°06′~28°44′，东经 119°32′~120°08′，处浙江省西南部腹地，为全国蔬菜重点县、省蔬菜强县。从 20 世纪 90 年代后期始，蔬菜生产发展迅速，至 2015 年蔬菜播种面积达 12 767 hm²，产值 6.8 亿元。蔬菜主要种植于碧湖盆地，菜地土壤以水稻土为主。

2. 样点选择

于 2016 年 6—8 月，选择有代表性的 18 个村蔬菜基地，每村布置 5 个或 10 个采样点，共 170 个。以 PNT 3000 土壤盐度计测定露地和设施菜地 0~20 cm 的活度盐分。

3. 结　果

（1）露地蔬菜土壤

所测土壤中，38.3% 的盆地露地菜地为盐渍土，丘陵山地仅为 16.7%（详情见表 2-20）。

表 2-20 露地蔬菜不同地貌土壤的"活度"盐分

地 貌	土样数（个）	最大值（g/L）	最小值（g/L）	平均值（g/L）	标准差	<1 g/L 土样		1~2 g/L 土样	
						数量（个）	占比（%）	数量（个）	占比（%）
盆 地	60	1.78	0.51	0.95	0.23	37	61.7	23	38.3
丘陵山地	30	1.26	0.43	0.75	0.20	25	83.3	5	16.7
全 部	90	1.78	0.43	0.89	0.24	62	68.9	28	31.1

（2）设施蔬菜土壤

所测土壤中，93.8% 的设施菜地为盐渍土（详情见表 2-21）。

表 2-21 设施菜地不同种植年限土壤的"活度"盐分

种植年限（年）	土样数（个）	最大值（g/L）	最小值（g/L）	平均值（g/L）	标准差	<1 g/L 土样数（个）	1~2 g/L 土样数（个）	2~4 g/L 土样数（个）	4~8 g/L 土样数（个）	其中 ≥1 g/L 土样占比（%）
1~2	20	1.38	0.81	1.09	0.14	4	16	0	0	80
3~4	25	2.24	0.87	1.62	0.37	1	18	6	0	96
5~6	20	2.71	1.29	2.07	0.32	0	8	12	0	100
≥ 7	15	5.37	1.51	2.65	1.15	0	5	8	2	100
全 部	80	1.38	0.81	1.80	0.77	5	47	26	2	93.8

（三）结 论

本评价技术方法简便、快速、低成本，不失为一种快捷估测土壤盐渍化的新方法。应用本评价技术得知，丽水市莲都区蔬菜土壤总体上已趋于次生盐渍化，其中设施菜地已次生盐渍化。经比对，本测定的定性结论与电导法的相同。

第五节　防控豇豆连作障碍的农作制度研究

农作制度是社会经济发展到一定阶段，结合当时科技进步发展水平，形成的以作物布局为中心，以人们追求为目标，以科技进步为支撑，以改善生产条件为基础，以遵循合理、安全、生态、可持续为原则的种植体系。其主要特点在于广泛采用间套作，增加复种指数，创造出合理的菜田群体结构，提高日光能和土壤肥力利用率；另一特点就是重视轮作换茬、土壤耕作与休闲等制度来减轻病虫害，恢复与提高土壤肥力。

现阶段我国进入新农村建设，保持农民收入稳定增长是"三农"工作的重要内容，在稳定粮食生产的基础上，增加农民收入，就必须加快对高效种植模式、稳粮增效模式的研究，积极创新种植模式，不断提高种植效益，使农作制度向着科学合理、高产高效、优质安全、可持续方向发展。

轮作有利于改善连作土壤中微生物结构，增强微生物活性和繁殖能力；增强土壤转化酶、脲酶、过氧化氢酶和多酚氧化酶活性；提高土壤肥力，改善作物生长发育，提高产量和品质[59-60]。水旱轮作可有效改善土壤次生盐渍化导致的连作障碍，旱作时，土壤中微生物以好气型真菌为主；水作时，土壤中微生物以厌氧型细菌为主，抑制了旱作时土壤中积累的病原真菌，且盐渍可通过水分的下渗而淋溶，因此水旱轮作增加了有益微生物的数量，使土壤生态环境得到一定修复[61]。

为此，我们在丽水市农业局、丽水市农业技术推广基金会、丽水市莲都区科技局等单位的支持下，开展防控豇豆连作障碍的农作制度研究，研究总结出了豇豆与水稻、茭白、莲藕的水旱轮作及豇豆与 C_4 作物轮作制度。通过这些轮作制度的种植模式推广，取得了"改善土壤结构，增加土壤的通气性，提高地力水平；改善农田生态环境，减轻蔬菜连作障碍，减少农药使用量，减轻环境的污染；提高复种指数，土地、温光资源得到充分利用，提高种植效益，增加农民收入"的效果。

一、豇豆—水稻—冬菜一年三熟高产高效栽培模式

（一）基本情况

豇豆—水稻—冬菜一年三熟栽培模式主要分布在浙江省丽水市莲都区碧湖镇，并已连续多年实现"千斤①粮、万元钱"的目标。2012 年丽水市莲都区农业推广中心与丽水市碧湖绿源长豇豆专业合作社在该镇建立 7.5 hm² 的"豇豆—水稻—冬菜"一年三熟高产高效栽培模式示范基地，参与"丽水市亩产千斤粮、万元钱十佳农作制度创新模式大赛活动"，于 2013 年被评为"丽水市十佳农作制度创新模式"。该模式适宜丽水市海拔 200 m 以下区域的种植，以海拔 100 m 以下为佳。

（二）茬口安排（表2-22）

表 2-22　模式茬口安排

作　物	栽培方式	品种或作物	播种期	移栽期	采收期
豇　豆	大棚套小拱棚营养钵育苗+移栽露地地膜覆盖+套小拱棚栽培	之豇 106、早生王	2 月中下旬	3 月中下旬	5 月上旬至6 月下旬
	地膜覆盖直播+套小拱棚栽培	当代先锋	2 月下旬至3 月上旬		
水　稻	露地	中浙优 8 号、甬优 15	5 月下旬至6 月上旬	6 月下旬至7 月上旬	10 月上中旬
冬　菜	露地	儿菜、油冬菜、萝卜、莴苣	9—10 月	10—11 月	1—3 月中旬

---

① 　1 斤 = 500 g，全书同

（三）产量及效益（表2-23）

表2-23   三熟高产高效栽模式产量及效益

作　物	产量（kg/667 m²）	产值（元/667 m²）	净收入（元/667 m²）
豇　豆	2 500	8 100	6 000
水　稻	530	1 900	900
冬　菜	2 500	4 800	3 100
合　计	5 130	14 500	10 000

（四）模式主要特点及推广的关键注意事项

1. 模式主要特点

豇豆—水稻—冬菜一年三熟栽培模式实施水旱轮作，能有效解决蔬菜连作障碍问题，减轻蔬菜病虫害的发生，减少农药和化肥的使用量，提高农产品产量和品质，增加农民的收入。此外，还能有效减少冬季农田抛荒，对稳定粮食播种面积和粮食安全意义重大，具有良好的经济、生态和社会效益。

2. 推广的关键注意事项

①水旱轮作排灌方便，保水能力强，换茬后要及时翻耕，确保茬口衔接；②预防早春低温阴雨天气对豇豆的为害；③与常规水稻栽培相比要减少氮肥用量，慎施穗肥、适施钾肥，防贪青倒伏；④农田农业化学投入品的使用要防止对后茬作物产生不良影响；⑤注意作物品种的合理选择，以后茬优质、高产、高效益为目的。

（五）豇豆栽培技术要点

1. 品种选择

选择对日照要求不严、耐寒、产量高、品质好、耐运耐贮的早中熟豇豆良种，如之豇106、早生王、春宝等豇豆良种。

2. 整地施基肥

每 667 m² 施腐熟的农家肥料 2 000 kg 或商品有机肥 300~500 kg、加 45% 三元复合肥 25~30 kg，缺硼田地每 667 m² 另施硼砂 1.5~2.5 kg，耕翻整地后做畦，畦（包沟）宽 1.5 m 左右。为防止杂草顶膜，每 667 m² 可用 96% 精异丙甲草胺（金都尔）乳油 60~80 mL 或 50% 乙草胺乳油 100 mL 对水 60 kg 于畦面喷雾后覆膜。

3. 播种育苗及移栽

根据播种期选晴天或"冷尾暖头"干籽播种。一般情况下，育苗移栽比直播增产 30% 左右且提早采收。每畦播 2 行，行距 50~60 cm，穴（丛）距 23~28 cm，3 000 穴（丛）/667 m² 左右，直播每穴 3~4 粒种子，移栽每穴 2~3 株；每 667 m² 种植 11 000 株苗左右。

4. 田间管理

播种或移栽后应搭高 50~80 cm 小拱棚保温防寒；当露地温度稳定在 15 ℃以上后，可逐渐撤除小拱棚上的薄膜开始搭架引蔓；当蔓爬至架顶时摘心。植株开花结荚以后视田间植株长势追肥 2~3 次，每 667 m² 每次追施 45% 三元复合肥 5~7 kg。豇豆采收 2~3 次后，可视生长情况结合浇水进行追肥，一般每 667 m² 每次追施尿素 15 kg 或三元复合肥 20 kg，一般每隔 7~10 d 追肥 1 次。

5. 病虫防治

豇豆病虫害防治依据预防为主、综合防治的方针，根据各阶段病虫的预测预报与田间调查，预防根腐病、枯萎病、锈病、茎枯病、白粉病、病毒病、豆野螟、蚜虫等病虫为害，并及时采取防治措施。根腐病、枯萎病属土传病害，发病初期可用 96% 恶霉灵可湿性粉剂 3 000 倍液，或 20% 噻菌铜（龙克菌）悬浮剂

500～600 倍液浇淋植株基部或灌根防治，每 7～10 d 防治 1 次，连续 2～3 次。锈病、茎枯病、白粉病发病初期可用 12.5%烯唑醇可湿性粉剂或 10%苯醚甲环唑（世高）水分散粒剂 1 000～1 500倍液喷雾防治，每 7～10 d 喷 1 次，连续 2～3 次。病毒病的防治应及早用 10%吡虫啉（蚜虱净、大功臣）可湿性粉剂 3 000倍液，或 50%啶虫脒水分散粒剂 3 000倍液防治蚜虫；病毒病发病初期可用 2%宁南霉素（菌克毒克）水剂 200～250 倍液，或 20%吗啉胍·乙铜（康润 1 号）可湿性粉剂 500 倍液喷雾防治，每 7～10 d 喷 1 次，视病情连喷 2～3 次。防治豆野螟以"治花不治荚，兼治落地花"为原则，于花始盛期用 5%氯虫苯甲酰胺悬浮剂 1 000倍液，或 1%甲维盐乳油 2 000倍液对准花苞和地上的落花喷雾防治。

6. 采　收

当荚条粗细均匀、荚面豆粒处不鼓起时，即达商品采收适期[62]。盛荚期每天采收 1 次，后期可隔天采收，以傍晚采收为宜。采时严防损伤花序上的其他花蕾，不能连花柄一起摘下。

（六）水稻栽培技术要点

1. 品种选择

根据后茬选择生育期适宜、产量高、抗性强的水稻品种，如中浙优 8 号、甬优 15 等水稻良种。

2. 播种移栽

采用湿润育秧或旱育秧培育壮苗，移栽秧龄控制 25～30 d，一般每 667 m² 插秧密度为 1.2 万～1.5 万丛。

3. 田间管理

移栽成活后，结合除草每 667 m² 施尿素 5 kg、钾肥 5 kg。配合强化栽培、测土配方施肥等，慎施穗肥、适施钾肥，以防贪青倒伏。适时排水搁田，促进根系发育，增强后期抗倒能力，力求高产[64]。

4. 病虫防治

水稻生长重点防治螟虫、稻飞虱、纹枯病、细菌性条斑病等病虫害。防治螟虫每 667 m² 可用 20%氯虫苯甲酰胺（康宽）悬浮剂 10 mL，或 40%氯虫·噻虫嗪水分散粒剂 6 g 对水喷雾防治。防治稻飞虱每 667 m² 可用 25%吡蚜酮可湿性粉剂 20 g，或 25%噻嗪酮（扑虱灵）可湿性粉剂 40~50 g 对水喷雾防治。防治纹枯病每 667 m² 可用 30%苯甲·丙环唑乳油 15~20 mL，或 24%噻呋酰胺（满穗）悬浮剂 20 mL 对水喷雾防治。防治细菌性条斑病每 667 m² 可用 20%噻菌铜（龙克菌）悬浮剂 100 g，或 20%可湿性叶枯唑（叶青双）粉剂 100 g 对水喷雾防治。

（七）冬菜栽培技术要点（以儿菜为例）

1. 品种选择

选择生育期适宜、产量高、抗性强、销路好的早中熟儿菜品种为主，如贵州老农牌儿菜。

2. 育　苗

适时播种育苗防止儿菜抽薹或植株太小，影响品质和产量，一般在 9 月上中旬播种，育苗苗龄控制在 25 d 左右。

3. 整地施基肥

整地前每 667 m² 施腐熟的农家有机液肥 2 000~3 000 kg、过磷酸钙 30~40 kg、钾肥 10~15 kg，整地后做畦，畦（包沟）宽 1.5 m 左右。

4. 移栽定植

一般于 10 月上中旬在土壤干湿适度时选择阴天或晴天下午定植，每畦种植 2 行，行距约 60 cm，株距约 40 cm，每 667 m² 种植 2 200 株左右，定植后浇足定根水。

5. 田间管理

儿菜生长过程中需肥量较大，除基肥外，在定植缓苗后，追施少量稀薄农家有机液肥 1~2 次，以利提苗。定植 35 d 左右时儿菜茎基部开始膨大，应追施开盘肥，每 667 m² 用稀薄农家有机液肥加 20 kg 尿素浇施，之后，视情况补施肥 1~2 次。总体掌握 "前期轻施肥，中期重施肥，后期看苗补肥" 的原则[64]，加强田间水分管理，以防止营养生长过旺和空心，提高产量。儿菜整个生育期要进行 2~3 次中耕除草，切忌深耕，深耕易伤根诱发病害，一般用手除去窝边杂草[65]。

6. 病虫防治

重点防治儿菜生长前期的猝倒病、立枯病、蚜虫和生长中、后期的病毒病、霜霉病、软腐病、蚜虫。猝倒病、立枯病发病初期可用 70% 甲基硫菌灵可湿性粉剂 800 倍液，或 75% 百菌清可湿性粉剂 1 000 倍液进行喷施防治，10 d 喷 1 次，连续 2~3 次。病毒病首先及时防治蚜虫，发病前或发病初期可用 20% 盐酸吗啉胍·铜（病毒 A）可湿性粉剂 400~600 倍液，或 1.5% 植病灵乳剂 1 000 倍液喷雾防治，每 7~10 d 喷 1 次，连续 2~3 次。霜霉病发病初期可喷施 25% 的甲霜灵可湿性粉剂，或 64% 恶霜·锰锌（杀毒矾）可湿性粉剂 800 倍液进行喷雾防治，10 d 喷 1 次，连续 2~3 次。软腐病发病初期可用 72% 农用链霉素可湿性粉剂 3 000 倍液喷雾防治，7~10 d 喷 1 次，连续 2~3 次。蚜虫可用黄板诱蚜或 10% 吡虫啉可湿性粉剂 2 000 倍液喷雾防治。

7. 采 收

当儿菜芽突起，超过主茎顶端，完全无心叶，呈罗汉状重叠，即为完全成熟可以采收[66]。如需推迟采收应将菜叶折弯盖心保护儿菜芽鲜嫩不劣变。儿菜不耐贮藏，应及时加工或食用。

二、豇豆—茭白水旱轮作栽培模式

（一）茬口安排（表2-24）

表2-24　模式茬口安排

作　物	栽培方式	品种或作物	播种期	移栽期	采收期
豇　豆	大棚套小拱棚营养钵育苗+移栽露地地膜覆盖+套小拱棚栽培	之豇106、早生王	2月中下旬	3月中下旬	5月上旬至7月上旬
	地膜覆盖直播+套小拱棚栽培	当代先锋	2月下旬至3月上旬		
茭　白（秋茭）	设施	浙茭2号、龙茭2号	5月寄秧	7月中下旬	10月上中旬始
茭　白（夏茭）	设施		12月下旬覆膜		4月上旬至6月中旬

（二）产量及效益（表2-25）

表2-25　模式产量及效益

作　物	产量（kg/667 m²）	产值（元/667 m²）	净收入（元/667 m²）
豇　豆	2 600	8 300	6 100
茭　白	3 000	9 000	6 500
合　计	5 600	17 300	12 600

（三）模式主要特点及推广的关键注意事项

与"豇豆—水稻—冬菜一年三熟高产高效栽培模式"差别不大，只是该模式以茭白替代了水稻。

（四）豇豆栽培技术要点

与"豇豆—水稻—冬菜一年三熟高产高效栽培模式"中的基本类同。

（五）大棚双季茭栽培技术

1. 品种选择

本模式栽培的茭白生产前期在冬春季，为在不适气候条件下促进茭白生长以达到提前采收的目的，采用设施栽培，所选择的品种为在低温条件下孕茭良好的低温型早熟双季茭，主要有黄岩茭、浙茭 2 号、浙茭 3 号、龙茭 2 号等。

2. 育苗移栽

夏茭收获后，选择孕茭早、健壮的茭白植株，剔除灰茭、雄茭，割去茎叶，移至寄秧田，挖取种墩分苗寄植，每穴 1~2 苗，寄秧密度 40 cm×40 cm，一般一墩可种 20 穴，秧田放水在薹管以下。采用每年移栽，达到提纯复壮的目的，以保证茭白质量和产量。移栽按宽窄行进行定植，宽行 60~70 cm，窄行 40~50 cm，株距 25~30 cm，每 667 m² 定植 2 000 墩左右，每墩留有效分蘖 10 根左右。

3. 棚膜管理

覆膜时间在 12 月下旬到 1 月上旬，掀膜时间一般在 3 月中旬。天气晴好，棚内温度超过 32 ℃时，应加强通风；此时倒春寒现象比较普遍，应特别注意防寒，应密切关注天气变化，防止发生冻害。

4. 田间管理

茭白在整个生长期间不能断水，水位随不同的生育阶段进行调节。分蘖初期采取浅水勤灌，保持 3~5 cm 的浅水层。当每墩平均苗数达到 8~15 个时，采取深水控制茭白的无效分蘖，水深 12~15 cm。孕茭期要保持充足的水分护茭，但不能淹过"茭白眼"。每次施肥前先放浅田水，田水落干后再灌水；施肥应结合水层管理，促进前期有效分蘖，控制后期无效分蘖，促进孕茭，提高产量和品质。茭白生长期长，植株高大，需肥量也大，除施足基肥外，必须适时追肥。基肥在移栽时，每 667 m^2 施腐熟的农家肥料 4 000 kg 或相应的商品有机肥；分蘖肥在分蘖初期，每 667 m^2 施 45% 复合肥 30~50 kg；孕茭肥每 667 m^2 施尿素 15 kg 及氯化钾 5 kg。

5. 病虫防治

主要虫害有螟虫、蚜虫；主要病害有锈病、胡麻叶斑病等。设施栽培茭白由于棚内湿度高，茭苗易受病害为害，需注意通风和防病。茭白是受黑粉菌侵染而肉质茎膨大，使用杀菌剂容易抑制黑粉菌而产生不孕的假性雄性。为此，在茭白孕茭期应慎用敌磺钠、三唑酮、腈菌唑等杀菌剂，可结合生物防治、物理防治和农业防治来综合控制病害，尽可能用生物农药替代化学农药防治病虫害。

6. 采　收

当心叶短缩，假茎中部明显膨大，裂缝一侧微有裂口，微露茭肉时，即可采收。采收时应于齐茎基部将薹管掰断。

三、莲藕—豇豆水旱轮作栽培模式

（一）茬口安排（表2-26）

表 2-26　模式茬口安排

作　物	栽培方式	品种或作物	播种期	采收期
莲　藕	露地	东河早藕	3 月中下旬	8 月上旬前
豇　豆	露地	之豇 108、春宝	8 月上中旬	10 月下旬前

（二）产量及效益（表 2-27）

表 2-27 模式产量及效益

作 物	产量（kg/667 m²）	产值（元/667 m²）	净收入（元/667 m²）
莲 藕	1 500	7 000	4 500
豇 豆	1 600	5 000	3 700
合 计	3 100	12 000	8 200

（三）莲藕栽培关键技术

1. 品种选择

宜选用早熟丰产的浅层莲藕种，如东河早藕等，以便在莲藕成熟时套种晚稻。莲藕种要求完整、新鲜、无伤口、无病害、藕大芽旺。

2. 莲藕准备

宜选择土质疏松、肥沃、富含有机质、耕作层深、排灌方便的田块。在栽藕前 10 d，每 667 m² 施腐熟的农家肥料 2 500 kg、过磷酸钙 50 kg、氯化钾 15 kg、生石灰 50 kg，深耕 30 cm，整细、耙平，保持浅水 3~5 cm。

3. 种植时间

莲藕适宜的生长温度为 15~28 ℃，种植时间在 3 月中下旬；过早种植，温度偏低，藕种容易腐烂。

4. 种植密度

每 667 m² 摆排藕种 200~300 kg 为宜，单支藕重不少于 250 g。株距 0.5 m，行距 1.5 m；以浅水种植为宜，种植时田间需有约 3~5 cm 的浅水；排种时，各株间以三角形的对空间排放为好。斜植，藕种与地面倾斜度 20°~30°，藕头入土深 10~15 cm，芽头入泥，尾梢露出水面。四周边行离田埂 1.5 m，以利于利用光照，提高土温，促使莲藕在田中生长均匀，避免地下茎窜到田埂。

5. 田间管理

田间管理工作主要有除草、耘田、追肥、灌水和调整植株等。

（1）耘田除草

种植后 10~15 d 开始至封行前耘田，一般 7~10 d 进行一次。耘田应在卷叶的两侧进行，以免损伤地下莲鞭，使藕田泥土稀烂、疏松，有利于莲藕早生快发。藕田除草一般从第一次追肥开始至封行前，一般 2~3 次，并结合植株调整工作，把黄叶、枯叶和杂草捺入泥中。需要注意，前期浮叶具有进行光合作用和制造养分功能，因此不宜过早摘除，一般待有 5~6 片立叶后才摘除浮叶。

（2）追 肥

莲藕一生追肥 2~3 次。第一次追肥在种植后 15~20 d，即有 1~2 片立叶时，结合除草，每 667 m^2 施腐熟的农家肥料 1 000~1 500 kg，氯化钾 5~10 kg，促进早生快发。第二次在荷叶封行前，每 667 m^2 施 45% 的三元复合肥 30~40 kg，促进结藕，提高产量。以后看苗施肥。施肥时应选择晴阴天气进行，避免在烈日中午施肥；每次肥前应适当放浅田水，先除草后追肥，以便肥料渗入泥土中，利于作物吸收；追肥后第二天再灌入至原来的水层。

（3）水层管理

藕田水层管理的总原则是：前浅、中深、后浅。一般从种植到立叶出现时的萌芽生长期，应保持浅水，水深 5~10 cm，以提高土温，促进萌芽，以 3~5 cm 的水层为好。随着植株的生长，莲藕茎叶生长逐渐转旺，此时水层逐渐加到 10~20 cm。当终止叶出现后即封行时，表明开始结藕，水层放低到 5~10 cm，以利莲藕膨大。春藕生长前期，气候多变、冷暖交错，低温时应灌水护苗，叶片展开后则不能淹没叶片。藕田水源要防止串灌，以免肥水流失，同时避免传播病菌。

（4）植株调整

莲藕的植株调整工作有：摘除老叶、枯叶、黄叶和病叶以及浮叶，除老藕、转藕头、折花梗等，以利透风透光，减少病害发生。注意检查藕头的生长方向，即看卷叶的生长方向，如果卷叶离田埂较近，应立即扭转藕头，使其向田中生长均匀。转藕头时要把藕的后把托起慢慢扭转，并及时把老叶、枯叶、黄叶和病叶及时摘除。

6. 病虫防治

主要虫害有蚜虫、斜纹夜蛾、潜叶摇蚊；主要病害有腐败病、叶枯病、褐斑病等。

蚜虫可采用银灰色反光膜或黄色板驱避或诱杀；斜纹夜蛾可用杀虫灯、性诱剂诱杀斜纹夜蛾，或人工摘除虫叶、捕杀卵块和幼虫；幼虫 3 龄前可交替选用生物农药印楝素 800 倍液、20%氯虫苯甲酰胺悬浮剂 3 000 倍液或苏云金杆菌 100 亿孢子/g 菌粉 2 000 倍液，于下午 4 时左右叶片正反面喷雾防治。潜叶摇蚊可摘除受害浮叶；或用 2.5%溴氰菊酯乳油 3 000 倍液，或 80%敌敌畏乳油 1 000 倍液喷雾。

腐败病发病初期及时拔除病株，并在病穴周围撒 1 kg 新鲜熟石灰，每 667 m² 用 70%甲基硫菌灵可湿性粉剂 1 kg 或 70%恶霉灵可湿性粉剂 100 g，配成 10 kg 毒土，均匀撒施，隔 1 d 回灌田水 20 cm 以上，但不能淹没展开的立叶，隔 5~7 d 叶面喷施 70%恶霉灵 1 500~2 000 倍液，连防 2 次。叶枯病和褐斑病于发病初期用 70%甲基硫菌灵可湿性粉剂 800 倍液或 50%多菌灵可湿性粉剂 500 倍液喷雾，每隔 10 d 防治 1 次，连防 2 次。

（四）豇豆栽培要点

除品种及播种时间外，与"豇豆—水稻—冬菜一年三熟高产高效栽培模式"中的大致相似。需要注意前茬预留在土壤的养分，根据土壤肥力酌情减少基肥用量。

第三章 豇豆连作障碍消减关键技术实践与成效

第一节 豇豆连作障碍消减关键技术集成

豇豆连作易造成土壤中病原菌增多，土传病害日益严重；与此同时，高强度和集约化的连作种植，过量的化肥施用及不合理的灌溉，不仅造成了水分和肥料的大量浪费，也产生了突出的生态与环境问题。土壤次生盐渍化问题也日益凸显，造成选择性吸收养分，导致土壤中某些营养元素严重缺乏或积累过多，营养结构严重失调；自毒现象使豇豆根系分泌有毒物质，直接抑制新栽豇豆根系的生长、分布、呼吸，最终导致新栽豇豆根系病变、死亡。连作障碍引发的一系列问题，最终即使追加化肥、加强田间管理还是无法挽回豇豆产量减少、品质下降、收入减少的局面。

为此，丽水市莲都区农业技术推广中心在丽水市莲都区科技局、丽水市莲都区农业局、丽水市农业科学研究院、浙江省种植业管理局、浙江省农业科学院等单位的支持下，于2010年开始，针对豇豆连作障碍问题，开展了"豇豆连作障碍治理关键技术应用和示范"课题技术研究工作，至2013年提出具有技术先进、方法简单、效果好、适用性强的"豇豆连作障碍消减关键技术"，并在丽水市推广。2014年开始又开展了"C_4作物改良蔬菜土壤次生盐渍化技术研究与应用"课题技术研究工作，通过研究的不断深入，于2016年进一步完善的"豇豆连作障碍消减关键技术"。其技术核心是：在种植制度上推广"豇豆与水稻轮作""豇豆与茭白轮作""豇豆与莲藕轮作""豇豆与C_4作物轮作"；在种植品种上选用耐连作障碍品种；在土传病害控制上采取播种前应用土壤消毒剂消毒土壤，或应用土壤修复剂修复土壤，抑制土壤有害微生物活性，增加有益微生物活性；在栽培技术上应用合理施肥和科学栽培的"健身"栽培，达到增强豇豆植株生命活力及其抗病性，实现豇豆连作障碍的消减。

一、豇豆与水稻、茭白、莲藕水旱轮作技术

水旱轮作制度使土壤长期淹水，以水洗酸，以水淋盐，以水调节微生物群落，治理土壤酸化、盐化；同时土壤土传病害受到有效控制，有效解决豇豆连作障碍问题，减少农药和化肥的使用量，又能增加农民收入[1]。主要栽培模式有早稻—豇豆、豇豆—晚稻、莲藕—豇豆、豇豆—茭白轮作模式。其中"豇豆—晚稻—冬菜全年三熟高产高效栽培模式"，可实现每667 m²产豇豆2 500 kg、晚稻530 kg、冬菜2 500 kg，实现"千斤粮、万元钱"的效果，保障了蔬菜和粮食生产的安全。实践证明合理轮作倒茬，特别是水旱轮作，消减豇豆连作障碍效果明显。

二、豇豆与C_4作物轮作技术

（一）选择适宜的除盐作物

C_4作物很多，但具有耐高温、短期中生长迅速、生物量大、根系发达且深的C_4作物可以达到良好的除盐效果。对于次生盐渍化土壤的改良，通常可选择玉米（甜玉米、墨西哥玉米、普通玉米）、甜高粱、高丹草、苏丹草作为除盐作物。

（二）选择适宜的播种时间

玉米（甜玉米、墨西哥玉米、普通玉米）、甜高粱、高丹

草、苏丹草均为暖季型作物，除寒冷的冬季外均可播种。但为了取得良好的除盐效果，理想的播种时间宜在 6 月。

（三）选择合理的播种量

除盐效果与除盐作物的品种、播种量、生长期等相关。如果是种植 2 个月的，以每 667 m^2 播种玉米（甜玉米、普通玉米）1.5 kg，或墨西哥玉米 2~4 kg，或其他品种（甜高粱、高丹草、苏丹草）1.5~2 kg 为宜。

（四）妥当的田间管理

生物除盐中种植 C_4 作物的主要目的是除盐，通常全程不施肥料，仅于出苗期注意灌水，保持土壤不干旱，并做好病虫害的适时防治。

（五）产后处理技术

C_4 作物秸秆的产后处理（利用）主要有 C_4 作物秸秆还田和秸秆作为饲料两大功能。秸秆还田不仅有利于提高空气质量，改善环境状况。且充分利用了农作物光合作用储存在秸秆中的可作为植物生长发育的营养物质。秸秆用于还田可以让秸秆中的营养物质传输到土壤中，转化为养分能够使土壤中的氮、磷、钾和有机质的含量变高，可以让土壤中保有适量的水分，改善农作物的生长条件，促进农田循环系统的改良，从而提高农作物的产量，增加经济效益。

1. 秸秆机械还田

一般有两种，一种方式是将 C_4 作物秸秆用机械切碎或打碎后，在耕作时均匀分散撒于田间，利用土壤中的大量微生物将秸秆腐化和分解，使粉碎后秸秆深入于田地中；另一种方式是将 C_4 作物秸秆粉碎后覆盖于田间中，后加入适量的秸秆腐熟剂或氮肥，待秸秆发酵后深翻施于土壤中。以每 667 m^2 鲜秸秆还田量 1 000~1 500 kg 为宜。

2. 秸秆堆沤还田

利用高温将 C_4 作物的秸秆制作成堆肥、沤肥等，使之成为优质有机肥，等到秸秆发酵后施入土壤中。这种还田方式比较简便，可以将秸秆就地堆制。

（1）堆　肥

将 C_4 作物的秸秆堆放在地面，加入适量的水、秸秆腐熟剂或氮肥，堆制中经好气微生物发酵后，秸秆发酵成腐化的有机肥料。

（2）沤　肥

将 C_4 作物的完全放置在淤泥或粪尿中，经微生物嫌气发酵腐化，释放营养物质而为有机肥料；同时堆沤释放的热量可以消灭病虫害，防止病虫害影响农作物的生长，为农作物的生长营造一个良好的环境。

3. 秸秆间接还田（过腹还田）

秸秆先以青贮、氨化等方法处理作为牛、马等牲畜的饲料，经消化吸收后变成粪、尿，以畜粪尿施入土壤还田。但需要注意上述作物体内含氢氰酸或者氰糖苷，如果不经适当的处理，禽畜食入可能会中毒！

三、"耐连作障碍品种+土壤消毒（土壤修复）+合理施肥+科学管理"技术

（一）耐连作障碍品种选择

豇豆不同品种对连作障碍的耐受性不同，筛选和种植耐连作障碍的豇豆品种是缓解连作障碍经济有效的办法之一。丽水豇豆连作障碍在土传病害上主要表现是豇豆根腐病、枯萎病发病严重。之豇 108 豇豆综合抗逆性强，具抗病毒病、锈病、根腐病，耐旱性、耐连作；之豇 106 豇豆综合抗性强，具较抗病毒病和锈

病；春宝豇豆综合抗性较强，具高抗锈病；同时，3 个品种产量高、品质好、商品性好、市场适销。因此，可根据不同的生产季节选择之豇 108、之豇 106、春宝等较耐连作障碍的豇豆品种，以减轻因连作障碍而发病重产生的生产损失。

（二）种子处理技术

连作障碍发生时，除土传病害外，非土传病害均随着连作年数增加而加重。采用种子处理剂可有效预防豇豆苗期的立枯病及其他土传真菌性病害发生，用占播种质量 0.5%的 50%多菌灵可湿性粉剂拌种，或用占播种质量 0.1%的 99%恶霉灵原药拌种。可有效预防苗期立枯病及其他土传真菌性病害发生。拌种方法可干拌或湿拌，干拌为将药剂与少量过筛细土掺匀之后加入种子拌匀即可；湿拌为将种子用少量水润湿之后，加入所需药量均匀混合拌种即可。拌种要做到种子与药剂拌匀，拌种后随即播种，不要闷种。

（三）土壤消毒技术

恶霉灵、咪鲜胺、敌磺钠均为高效、广谱、低毒型杀菌剂，具内吸传导、保护和治疗等多重作用，对半知菌引起的多种病害防效极佳。根腐病、枯萎病属豇豆土传病害，其病原分别为腐皮镰孢菌菜豆专化型 [*Fusarium solani* f. sp. phaseoli （ Burk. ） Snyder et Hansen]、尖镰孢嗜导管专化型 （ *Fusarium oxysporum* f. sp. *tracheiphilium* ），均归半知菌亚门真菌，因此用恶霉灵及其他杀菌剂 （咪鲜胺、敌磺钠） 混合消毒土壤，能基本上实现豇豆主要病害的病前防控，有效控制豇豆生产期的根腐病、枯萎病等病害的发病及为害程度。其方法是：田间作畦后消毒土壤，于豇豆播种前 5 d 每 667 m² 用 99%恶霉灵 200 g 和敌磺钠 2 000 g 对水 1 000 kg 后，用喷水壶均匀喷洒种植行土壤；或者每 667 m² 用 99%恶霉灵 125 g 和 25%咪鲜胺 1 250 mL 对水 1 000 kg 后，均匀喷洒种植行土壤。

（四）土壤修复技术

施用有机肥可调节土壤 pH 值、盐分、矫正生理缺素及提高土壤缓冲能力，有机肥分解过程中会使细菌、放线菌增殖。微生物菌肥一般含有固氮菌、溶磷菌、溶钾菌、乳酸菌、芽孢杆菌、假单胞菌、放线菌等。合理增施有机肥后，可增加土壤及根际有益微生物的种群和活性，抑制病原微生物的增殖，促进作物生长健壮，达到作物提高对逆境胁迫的抵抗力，实现减轻连作障碍对作物的不利影响。"连作"是由浙江大学农业与生物技术学院研制的有机生物菌肥；"亚联 1 号"是由亚联企业集团生产的微生物肥；"黄腐酸钾"属黄腐酸类肥料，具改良土壤、增进肥效、刺激植物生长、增加植物抗逆性、改善植物品质等作用。以"连作""亚联 1 号""黄腐酸钾"为土壤修复剂，能有效创建土壤中有益微生物群优势，修复连作障碍土壤，培育健康的土壤，增强豇豆植株生命活力及其抗病性，实现豇豆产量和品质的提高。其方法是：播种前每 667 m^2 用"黄腐酸钾" 20 kg、"连作" 25 kg 与基肥混合深施于土壤中；或豇豆播种前深施有机肥等基肥后，每 667 m^2 用"亚联 1 号" 63 mL 与 15 kg 无污染的水混合（水温 16 °C 以上），加入伴侣培养液 750 mL，搅拌均匀放置 4～8 h，再对入足量水进行喷洒或浇灌于土壤或根部，以能渗入土壤 20 cm 为宜。

（五）合理施肥技术

合理施肥，特别是合理施基肥是关键。豇豆栽培合理施肥要坚持"2 个为主"：即以底肥为主，追肥以氮肥为主。底肥：重施基肥特别是磷钾肥有利于根系发育和提高植株吸收肥力的能力，防止植物早衰，促进豇豆的健康生长。其方法是：整地时施基肥，每 667 m^2 施腐熟的农家肥 2 000 kg 或商品有机肥 300～500 kg、加总含量 45% 三元复合肥 25～30 kg，缺硼田地每

667 m²加硼砂 1.5 ~ 2.5 kg。追肥于豇豆第一花序开花结荚时，视田间植株长势，追肥 2 ~ 3 次，每 667 m²每次追总含量 45%的低磷高钾三元复合肥 5 ~ 7 kg。豇豆采收 2 ~ 3 次后，可视生长情况结合浇水进行追肥，一般每 667 m²每次追尿素 10 ~ 15 kg 或45%的低磷高钾三元复合肥 15 ~ 20 kg，一般每隔 7 ~ 10 d 追肥1 次。

（六）科学栽培

通过合理密植、适时适度调整植株和病虫害综合防治技术促进豇豆生长健壮，达到增强豇豆植株生命活力及其抗病性，从而减轻连作障碍。其方法是：种植密度每 667 m²控制在 11 000 苗左右；行距约 50 ~ 60 cm，穴（丛）距 23 ~ 28 cm。当蔓爬至架顶时，打顶摘心调整植株。在开花结荚前应适当控制肥水，以控制植株营养生长，防止徒长；盛荚期后，加强肥水，采取根际和根外追肥相配合，保持充足的肥水，促进植株恢复生长和潜伏花芽开花结荚，即促进植株"翻花"，延长采收期，提高豇豆产量。

第二节　研究成果及评价

豇豆是浙江省的重要豆类蔬菜，各地普遍种植。丽水市为浙江省重要豇豆生产地，但因连作年份的延长和受土地等制约轮作年限缩短，连作障碍发生严重，产量和面积减少，影响农民增收。为此，从导致豇豆连作障碍的关键因子入手，开展了以消减土传病害及土壤次生盐渍化为主的防控豇豆连作障碍技术，取得了以下成果。

一、研究成果

（一）探明导致豇豆连作障碍的主要关键因子

通过田间调查探明导致豇豆连作障碍的主要关键因子为土传

病菌、土壤次生盐渍化；发现"土传性豇豆根腐病为丽水豇豆连作障碍中的最典型的外在表现，其为丽水市豇豆生产上发病最重、危害最大、防治最难的病害"。

（二）创建豇豆"健身"栽培技术，创新防控豇豆连作障碍技术理念

应用集良种、土壤消毒、土壤修复、土壤施肥、植株管理等技术的"豇豆'健身'栽培技术"；选用耐连作品种，播种前应用土壤消毒剂抑制土壤有害微生物活性或应用土壤修复剂建立有益微生物群优势，结合合理施肥和科学栽培，增强豇豆植株生命活力及其抗病性，防控豇豆连作障碍。

1. 筛选并应用恶霉灵、咪鲜胺、敌磺钠 3 种低毒高效低残留的农药作为土壤消毒剂和根腐病、枯萎病等病害的防治药剂，抑制豇豆土传病原活性，减轻土传病害

豇豆连作田在翻耕整地后播种前 5 d，用恶霉灵、咪鲜胺、敌磺钠、漂白粉 4 种消毒剂处理土壤，对豇豆根腐病的防效都达 70% 以上，但以恶霉灵处理对豇豆根腐病的相对防效最好，为 85.45%，其次是咪鲜胺；再次是敌磺钠；4 种土壤消毒剂均能有效地控制豇豆根腐病的发生，且增产 21%~31%。综合考虑防治效果和使用成本，筛选出恶霉灵、咪鲜胺、敌磺钠 3 种低毒高效低残留的农药作为土壤消毒剂和根腐病、枯萎病等土传病害的防治药剂，其中敌磺钠为首选药剂。

恶霉灵、咪鲜胺、敌磺钠均为高效、广谱、低毒型杀菌剂，具有内吸传导、保护和治疗等多重作用，对半知菌引起的多种病害防效极佳。应用 3 种消毒剂混用，提高防控效果，播种前 5 d，每 667 m^2 用 99% 恶霉灵 200 g 和 45% 敌磺钠 2 000 g 对水 1 000 kg 喷洒于种植行消毒土壤；或每 667 m^2 用 99% 恶霉灵 125 g 和 25% 咪鲜胺 1 250 mL 对水 1 000 kg 喷洒于种植行消毒土壤，对豇豆根腐病的防效均达 80% 以上，同时预防豇豆枯萎病

等其他土传病害。尤以恶霉灵和咪鲜胺混用消毒土壤的豇豆根腐病发病率最低，相对防效最好；但防治成本以恶霉灵和敌磺钠混用最低，综合效益最好。

2. 筛选并应用"连作"生物有机肥、黄腐酸钾、"亚联1号"3种高效无毒土壤修复剂，提高土壤中有益微生物种群优势，修复连作障碍土壤，增强豇豆植株生命活力及其抗病性

以"连作"生物有机肥、黄腐酸钾、"亚联1号"3种土壤修复剂及其组合混用，经修复的土壤种植豇豆后根腐病发病率在5.41%~9.57%；较对照降低14.6个百分点以上。同时，豇豆的荚长、单荚重两嫩荚性状均有明显优化，产量也增幅20.9%以上；具修复连作障碍土壤及提高土壤中有益微生物种群优势，抑制根腐病、枯萎病等土传有害微生物病原的效果。但以黄腐酸钾与"连作"生物有机肥组合混用，修复土壤的作用最好；其次是"亚联1号"。应用成本以黄腐酸钾最低，综合效益以黄腐酸钾与"连作"生物有机肥组合混用最好。每667 m² 用80%黄腐酸钾20 kg和"连作"生物有机肥25 kg于豇豆播种前结合基肥深施于种植行；或于豇豆播种前基肥深施后，每667 m² 用"亚联1号"63 mL和其伴侣对水后喷洒于种植行，以能渗入土壤20 cm为宜，创建土壤中有益微生物群种优势，修复连作障碍土壤，增强豇豆植株生命活力及其抗病性，防控豇豆连作障碍，实现豇豆产量和品质的提高。

（三）创新农作制度，推广豇豆与水稻、茭白、莲藕水旱轮作技术，治理豇豆连作障碍

创建"豇豆—水稻—冬菜一年三熟"高产高效的水旱轮作农作制度创新模式，达到每667 m²豇豆产量2 500 kg左右，产值8 100元；水稻产量530 kg，产值1 900元；冬菜产量2 500 kg左右，产值4 800~5 300元；三茬合计总产值14 500元左右，纯收入10 000元左右，实现"千斤粮、万元钱"的成效果。实施

水旱轮作后，治理土壤酸化、盐化；控制土壤病害，改善和优化农业生态系统，提高土壤肥力，减轻蔬菜连作障碍，减少农药和农药使用量，稳定蔬菜和粮食生产。解决了豇豆高效益但不宜连作、水稻连作收益低造成农民种粮积极性不高两大生产技术难题，促进了农业增效、农民增收。

（四）豇豆与 C_4 作物轮作技术除盐作物

应用玉米（甜玉米、墨西哥玉米、普通玉米）、甜高粱、高丹草、苏丹草等 C_4 作物与豇豆轮作，达到在较短的时间内，降低土壤盐分，改良菜田土壤次生盐渍化。

（五）集成创新了豇豆连作障碍防控体系

集成创建了基于"耐连作障碍品种+土壤消毒（土壤修复）+合理施肥+科学管理""豇豆与水稻、茭白、莲藕水旱轮作""C_4 作物除盐"为主要技术，具有系统、具体的防控豇豆连作障碍的关键技术方案。在种植制度上推广"豆稻与水稻、茭白、莲藕水旱轮作""C_4 作物与豇豆轮作"；在种植品种上选用耐连作障碍品种；在土传病害控制上采取播种前，针对土传病害发病轻重程度，应用土壤消毒剂消毒土壤，抑制土壤有害微生物活性，或应用土壤修复剂修复土壤，增加有益微生物活性；或土壤消毒剂与土壤修复剂间隔交替应用。在栽培技术上应用合理施肥和科学栽培的"健身"栽培，达到增强豇豆植株生命活力及其抗病性，防控豇豆连作障碍。突破了传统治理豇豆连作障碍"轻产前、重产后"的被动治理方式，实现了豇豆连作障碍传统治理"大药大肥"向环境友好型消减的重大技术革新。

（六）制定"豇豆连作障碍消减关键技术"和"长豇豆与水稻轮作栽培技术规程"

制定的《长豇豆与水稻轮作栽培技术规程》地方标准于2017 年 12 月底经丽水市莲都区质量技术监督局批准发布，并于2018 年 1 月 28 日起正式实施。该推荐性标准规定了"长豇豆与水稻"轮作种植的术语和定义、轮作条件、轮作原则、轮作模式、长豇豆和水稻轮作栽培要点等技术。标准的实施将更有效促进丽水市莲都区农产品标准化生产和农产品质量安全生产，并指导农民实施长豇豆与水稻轮作制度，实现有效解决蔬菜连作障碍、消减蔬菜病虫害、减少农药和化肥的使用量等均有较强的可操作性。另外"豇豆连作障碍消减关键技术"现已完成地方标准的申报稿。

（七）申请专利 4 项，已获实用新型专利 2 项

在试验研究中，总结研究成果申请了"一种快捷获取探针在媒介中插入深度的装置""一种快速获取土样深度的土壤取样器""一种土壤搅拌装置"三项实用新型专利，以及一项发明专利"一种快速获取插入深度的探针装置"；其中"一种快捷获取探针在媒介中插入深度的装置""一种快速获取土样深度的土壤取样器"取得了授权，另外两项通过了初审。

（八）科技推广模式创新

豇豆连作障碍防控技术研究中与"莲都区蔬菜产业提质增效集成技术与示范推广"等项目结合，开展科技培训，购买 43 种蔬菜科技书籍 3 600 余本、编印《农业技能手册》3 000 余本，重点发送到丽水市莲都区蔬菜主产区碧湖镇的 38 个"农家书屋"，碧湖镇和峰源乡的 33 个主要蔬菜生产经营主体的"合作社之家"，11 个基层农技推广站和 14 个乡镇政府，以"藏书于民，相互学习，提高技能"的科技推广新模式，普及蔬菜生产科技知识，提高产业农民的总体素质。

二、研究评价

（一）豇豆连作障碍防控的技术理念创新

有关蔬菜连作障碍防控上有过类似技术理论，但具体到某个

蔬菜种的不多，在豇豆上近乎没有。本研究提出的"选用耐连作品种，播种前应用土壤消毒剂抑制土壤有害微生物活性或应用土壤修复剂建立有益微生物群优势，产中结合合理施肥和科学栽培，增强豇豆植株生命活力及其抗病性"的豇豆连作障碍防控的技术理念，并在该创新的技术理念的引领下，展开了土壤消毒剂、土壤修复剂、水旱轮作在防控豇豆连作障碍上的技术研究。

（二）连作障碍土壤消毒技术的创新

有关应用土壤消毒技术，治理豇豆土传病害方法很多，但本项目以恶霉灵、咪鲜胺、敌磺钠 3 种低毒高效低残留的农药作为土壤消毒剂的土壤消毒技术，治理豇豆连作障碍，具有低成本、安全、使用方法简单、效果好的优点，易于农民使用和推广。这在国内未见类似报道。

（三）连作障碍土壤修复技术的创新

有关土壤修复技术较多，但以土壤修复治理豇豆连作障碍的方法不多，但本项目以"连作"、黄腐酸钾、"亚联 1 号"这 3 种有机肥为土壤修复剂的土壤修复技术，有效创建土壤中有益微生物种群优势，修复连作障碍土壤，协调豇豆正常生长，增强豇豆植株生命活力及其抗病性。实现连作田豇豆产量提高 20.9%以上，治理豇豆连作障碍。具有低成本、安全、使用方法简单、效果好的优点，易于农民使用和推广。这在国内未见类似报道。

（四）创新农作制度，解决豇豆高效益但不宜连作和水稻连作收益低农民种粮积极性不高两大生产技术难题

有关利用农作创新制度，解决蔬菜连作障碍方法有不少，但本项目创建的豆稻水旱轮作之一"豇豆—水稻—冬菜（抱子芥）一年三熟"高产高效水旱轮作栽培制度，具改善和优化农业生态系统，破解豆类蔬菜高效益但不宜连作和水稻连作收益低农民种粮积极性不高两大生产技术难题，能有效解决豇豆连作障碍问题，又增加农民收入，实现"千斤粮、万元钱"的效果，这在国内未见类似报道。研究豇豆与水稻轮作，制定了区级地方标准《长豇豆与水稻轮作栽培技术规程》，指导农民规范应用豇豆与水稻轮作技术，消减豇豆连作形成的土壤次生盐渍化及土传病害日益严重等的土壤障碍，促进豇豆和水稻产业的可持续发展，这在国内鲜有报道。

（五）C$_4$作物除盐技术

1. 研究所筛选出除盐效果良好的除盐生物

研究所筛选出玉米（甜玉米、墨西哥玉米）、甜高粱、高丹草、苏丹草为蔬菜次生盐渍化土壤的除盐生物，且具良好的除盐效果，其中墨西哥玉米和高丹草在改良蔬菜土次生盐渍化上鲜有报道；研究发现了常规密度种植甜玉米也具有良好的除盐效果，这在改良蔬菜土次生盐渍化上鲜有报道。

2. 探索成功新的土壤次生盐渍化评价技术

改进了德国 STEPS 公司的 PNT 3000 土壤盐度计的探针（实用专利"一种快捷获取探针在媒介中插入深度的装置"），发明了"一种快速获取土样深度的土壤取样器"（实用专利），以专利技术与 PNT 3000 土壤盐度计结合，形成了"基于土壤盐度计测定的蔬菜土壤次生盐渍化评价新技术"，并应用于大范围（区县级）蔬菜土壤次生盐渍化现状调查，实现了快速、低成本、操作方法简便的蔬菜土壤盐渍化估测评价工作，这在国内鲜有报道。

（六）豇豆连作障碍防控关键技术集成创新

有关治理豇豆连作障碍研究很多，但没有具体的应用土壤修复、土壤消毒、水旱轮作、C$_4$作物除盐技术，且没有系统、具体的解决方案。但本项目的集成技术具系统、具体的解决方案，通过技术调整土壤微生物种群和高产高效的水旱轮作制度，防控豇豆连作障碍，突破传统治理豇豆连作障碍"轻产前、重产后"

的被动治理方式，实现了豇豆连作障碍传统治理"大药大肥"向环境友好型消减的重大技术革新。

第三节　成果应用及获奖情况

通过豇豆连作障碍防控技术的研究，创新并集成了豇豆连作障碍防体系，符合绿色植保、"健身"栽培、农药化肥减量使用的先进理念，推动了连作障碍防控的技术进步。在种植品种上选用耐连作障碍品种；在种植制度上推广"豆稻与水稻、茭白、莲藕水旱轮作""C_4作物与豇豆轮作"等轮作模式；解决了豇豆高效益但不宜连作，以及水稻连作收益低造成农民种粮积极性不高两大生产技术难题，实现了蔬菜和粮食安全生产。突破了传统治理"轻产前、重产后"的被动治理方式，实现了传统的"大药大肥"资源型向"以防为主、防控结合"环境友好型的重大技术革新。取得了药肥双减、产量和品质提高、农民增收的成效。同时，在技术推广中以"藏书于民，相互学习，提高技能"的科技推广新模式，开展蔬菜先进实用技术的普及与推广工作，显著提升了蔬菜产业从业人员的技能水平。成果的应用不仅取得了显著的经济效益、社会效益、生态效益，也得到了政府及有关单位的肯定。

一、成果应用情况

2011 年 1 月始在丽水市莲都区推广应用豇豆连作障碍防控技术成果，2013 年开始在丽水市的景宁自治县、遂昌县、青田县、云和县等地应用，至 2016 年累计推广应用 1.1 万 hm²，新增产值 13 626.7 万元，净增产值 8 755.4 万元，节约农本 1 576.5 万元；每 667 m² 新增产值 832.4 元，每 667 m² 净增产值 534.8 元。成果应用后豇豆连作障碍对产业的不良影响明显减少；在成果推广中，开展了蔬菜生产技术培训，发放专业书籍及资料约1.6万份，"藏书于民，相互学习，提高技能"；推广应用生物有机肥、性诱剂、防虫网、植物源农药等防病控害技术，提高豇豆的产量和品质，减少农药和化肥的使用量，降低农业面源污染，保障农产品的质量安全，促进了豇豆产业的可持续发展和蔬菜生产的科技进步。

二、成果获奖情况

近年来，其相关成果获得主要获奖情况如下：①2015 年，"豇豆连作障碍治理关键技术研究与示范推广"项目获丽水市科学技术奖三等奖。②2015 年，"豇豆—水稻—冬菜全年三熟高产高效栽培模式示范推广"项目获 2011—2014 年度浙江省农技推广基金会"宝业奖"二等奖。③2013 年，"豇豆—水稻—冬菜全年三熟高产高效栽培模式"，获"丽水市十佳农作制度创新模式"。④2016 年，"莲都区蔬菜产业提质增效集成技术与示范推广"项目获丽水市科学技术奖二等奖。⑤2014 年，"豇豆—水稻—冬菜全年三熟高产高效栽培"新模式，编入《浙江省瓜菜水稻轮作现场观摩会材料汇编》，向浙江省全省交流。⑥2014 年，丽水市莲都区"碧湖长豇豆"获"丽水市首届十大特色蔬菜"。

第四章 豇豆连作障碍防控技术的展望及思考

第一节 豇豆连作障碍防控技术的展望

随着我国蔬菜产业的持续发展，加上蔬菜对温度、光照、水分、土壤种类等自然因素的要求以及生产者的种植习惯、市场分布等，使得蔬菜生产被限制在一定的区域内，全国各地出现的蔬菜连作障碍现象日益严重，特别是随着设施蔬菜生产的产业化、专业化、规模化的发展，更加剧了蔬菜连作障碍的发生，严重地制约了蔬菜产业的可持续发展。豇豆作为蔬菜中一个播种面积较大的豆科植物更是尤为如此。

土壤中有害微生物的积累、土壤次生盐渍化及酸化、蔬菜作物的自毒作用是蔬菜作物连作障碍产生的主要原因[67]。轮作是目前应用比较广泛且效果明显的一种方法[68]，轮作可以有效地解决土传病害问题。间作套种可以提高土地利用率和单位面积的产出，并可部分解决连作障碍问题；陕西省关中地区冬小麦与线辣椒的间作套种表明，能明显减少线辣椒病毒病发病率，同时使线辣椒整体生长量增加，产量提高，畸形果减少，缓解线辣椒连作所引起的障碍，其显著的效果在陕西省线辣椒产区得到广泛应用；线辣椒与玉米间作套种表明，也可降低线辣椒疫病的发病率，其效果明显；葱蒜类作物的根系分泌物对多种细菌和真菌具有较强的抑制作用，常被用于间作或套种以解决土传病害问题。土壤施入拮抗微生物或加入有机物提高拮抗微生物的活性，可以降低土壤中病原菌的密度，抑制病原菌的活动，减轻病害的发生[69]；使用含有有益微生物种群的生物有机肥抑制土壤致病菌也是生物防治连作障碍的途径之一[70-71]；增施有机肥对解决几乎所有蔬菜作物的连作障碍均有效，生产上被普遍采用[72]，其机理主要是通过解决土壤次生盐渍化来缓解连作障碍[73-76]，主要机理是有机肥改善了土壤微生态环境，提高了土壤中微生物的数量并增强其活力，土壤活性增强，促进了根系生长，提高了根系活性。不同作物及同一作物的不同品种对重茬的抗性和耐性差异较大，选育、选择抗（耐）重茬的品种也是解决蔬菜作物重茬障碍的一个重要途径。

蔬菜连作障碍除长期轮作外，很难通过一种或少数几种措施完全解决问题，只能在预防和控制上采用轮作、间作套种、选用抗（耐）重茬品种、嫁接、无土栽培、合理的土壤管理、生物防治等技术措施克服连作障碍。防控豇豆连作障碍也需要集成不同的技术措施，才能达到良好的防控效果。

第二节 豇豆连作障碍防控技术的思考

豇豆连作障碍与其他蔬菜连作障碍一样，其产生涉及作物、土壤、环境等生物及非生物的诸多复杂因素，并且这些因素之间存在相互的影响，使得解决这一问题变得非常复杂，需想通过任何单一的措施或通过少数几个措施都很难收到满意的效果。有关蔬菜连作障碍的研究，特别是豇豆连作障碍的研究大多还是停留在单因子水平上，缺乏对其内在相互关系、相互影响的深入了解。蔬菜作物本身及蔬菜种植的土壤是蔬菜连作障碍防控技术问题的研究的重要基础，豇豆连作障碍防控技术研究的重要基础也是豇豆及种植豇豆的土壤。

目前，我们在豇豆连作障碍防控技术上的研究，主要在豇豆连作障碍土壤消毒、土壤修复、土壤次生盐渍化治理上的研究及轮作制度的模式应用等方面。虽然，取得了一定的成果和应用的明显成效，但是，就目前所研究的，不管在深度还是广度上还是很肤浅的，这与我们的在专业知识上的深度和广度有关，并与我们基层推广机构的研究装备和研究投入也有关。

不管前方的路多么难，我们将利用一切的机会，携同志同道合的农业人，在防控豇豆连作障碍技术上作进一步的研究，以期取得更好的成绩，为"三农"做我们农业人该做的事。

附 录

DB331102/T 002—2017
长豇豆与水稻轮作栽培技术规程

1 范 围

本标准规定了"长豇豆与水稻"轮作种植的术语和定义、轮作条件、轮作原则、轮作模式、长豇豆和水稻轮作栽培要点等技术。

本标准适用于丽水市莲都区长豇豆与水稻的轮作种植。

2 规范性引用文件

下列文件对于本文件的应用是必不可少的。凡是注日期的引用文件，仅所注日期的版本适用于本文件。凡是不注日期的引用文件，其最新版本（包括所有的修改单）适用于本文件。

GB 3095 环境空气质量标准

GB 5084 农田灌溉水质标准

GB 15618 土壤环境质量标准

GB/T 8321 农药合理使用准则

NY/T 496 肥料合理使用准则 通则

NY/T 1276 农药安全使用规范 总则

NY/T 5079 无公害食品 豇豆生产技术规程

DB33/T 680 机插水稻大田栽培技术操作规程

3　术语和定义

下列术语和定义适用于本标准。

3.1　豇豆与水稻轮作

在一个生产年度内，同一地块里轮流种植长豇豆和水稻；即种植豇豆收获后种植晚稻，或种植早稻收获后种植豇豆。

3.2　商品有机肥

以高有机质含量的物质（豆粕、动物粪便、作物秸秆等）为载体，经过加工、腐熟等多道工序而生产并符合行业标准且商品化销售的有机肥。

4　轮作条件

4.1　产地环境

土壤环境、环境空气、农田灌溉水质应分别符合 GB 15618、GB 3095、GB 5084 的规定。

4.2　田块条件

宜选择海拔 300 米以内的地势平坦、排灌方便、地下水位较低、土层疏松的田块。

5　轮作模式

5.1　早稻——秋豇豆轮作模式

早稻大田生长期在 4 月中旬至 7 月下旬之间，豇豆生长期在 8 月初至 10 月下旬之间。

5.2　春豇豆——晚稻轮作模式

豇豆生长期在 2 月下旬至 7 月上旬之间，晚稻大田生长期在 7 月中下旬至 11 月下旬之间。

6　病虫害防治原则

遵循"可持续发展""预防为主，综合防治"的方针；建立和完善病虫害预警体系，本着安全、有效、经济、简便的原则，通过选用抗（耐）病虫的农作物良种、加强栽培管理等措施，增强农作物对病虫害的抵抗能力，改善和优化农田生态系统；优先采用农业防治、物理防治、生物防治以及其他有效的生态学手段；科学应用化学防治技术，最大限度减少化学农药使用；实现病虫危害损失控制在经济阈值以下，确保农作物生产安全、农产品质量安全和农业生态环境安全。农药使用应符合 GB/T 8321、NY/T 5079、DB 33/T 680 的规定，禁止使用的农药参见附录 A。

7 豇豆栽培技术要点

7.1 品种选择

春季栽培宜选择对日照要求不严、耐寒的早中熟适栽良种；夏秋季栽培宜选择耐热的中熟适栽良种。

7.2 整地施基肥

每亩①施腐熟的农家肥料 2 000 千克或商品有机肥 300 千克~500 千克、加 45% 的三元复合肥（N：P：K=15：15：15）25 千克~30 千克和硼砂 1.5 千克~2.5 千克。基肥随耕作翻到土壤下层，整地后畦宽 1.5 米~1.7 米（包沟）。为防止杂草顶膜，覆膜前可每亩用 96% 精异丙甲草胺乳油 60 毫升~80 毫升或 50% 乙草胺乳油 100 毫升对水 60 千克喷雾畦面。

7.3 播 种

7.3.1 种子处理

用占种子重量 0.5% 的 50% 多菌灵可湿性粉剂拌种，或用占种子重量 0.1% 的 99% 恶霉灵拌种（干拌或湿拌），预防苗期立枯病及其他土传真菌性病害发生。

----

① 编者注：1 亩≈667 平方米，全书同

7.3.2　播种期

春季保护地栽培在 2 月下旬至 3 月上旬直播；露地栽培在 3 月中、下旬直播；秋季栽培在 8 月初直播。早春栽培的可以营养钵育苗。亩用种 2.3 千克~2.8 千克左右。

7.4　定　植

春季育苗的应打洞移栽，边定植边浇定根水，并填实细土，封严定植孔。每畦种 2 行，行距 50 厘米~80 厘米，穴距 25 厘米~35 厘米，每亩 2 700 穴~2 900 穴，每穴栽 2 株~3 株。春季露地和秋季栽培的可采用干籽直播方式，行距和穴距与春季移栽的相同，每穴播 3 粒~4 粒种子。早春种植的，播种或移栽后应搭建高为 50 厘米~80 厘米小拱棚保温防寒。

7.5　大田管理

7.5.1　前期管理（定植至抽蔓前）

前期不宜多施肥，以防徒长，影响开花结实。春季种植的，定植后以保温保水为主，及早做好大田的补苗工作。秋季直播的，出苗后以遮阳降温为主。

7.5.2　中期管理（抽蔓至结荚）

（1）搭架引蔓：抽蔓后应及时搭架，搭高 2.2 米~2.3 米的倒人字形架或人字形架，搭架后要及时引蔓，引蔓应在露水未干或阴天进行。早春小拱棚保温防寒的在露地温度稳定在 15 ℃以上后，可逐渐撤除小拱棚。

（2）整枝：主蔓第一花序以下各节位的侧芽一律抹除；主蔓第一花序以上各节位的侧枝留 1 片~2 片真叶摘心；当蔓爬至架顶时，要及时打顶摘心，以控制株高，有利于高产和方便采摘。同时枝叶繁茂时可分批多次剪除基部老叶。

（3）中耕除草：根据杂草的生长情况，在搭架前进行一次中耕除草，以后在每次追肥前结合中耕除草。

（4）肥水管理：植株开花结荚以后，视田间植株长势，追肥2次~3次，每亩每次追施45%的低磷高钾三元复合肥5千克~7千克。保持田间排灌通畅，防止积水。

7.5.3 后期管理（结荚盛期以后）

结荚盛期后应增加肥水，可视生长情况结合浇水进行追肥。每亩每次追施尿素10千克~15千克或45%的低磷高钾三元复合肥15千克~20千克，每隔7天~10天追肥1次。

7.6 病虫害防治

7.6.1 农业防治

选用抗（耐）病虫强的品种，加强栽培管理；及时清除田间落花、落荚、病枝、病叶、病荚。

7.6.2 物理防治

采用杀虫灯、色板、防虫网等措施防治虫害。

7.6.3 生物防治

保护和利用瓢虫、草蛉、食蚜蝇、蜘蛛等捕食性天敌和赤眼蜂、丽蚜小蜂等寄生性天敌；利用性诱剂诱杀害虫；利用苏云金杆菌、多杀霉素等微生物农药和印楝素、苦参碱、烟碱等植物源农药防治病虫害。

7.6.4 化学防治

合理使用高效低毒低残留化学农药，对症用药；合理混用、轮换交替使用不同作用机制或具有负交互抗性的药剂，克服和推迟病虫害抗药性的产生和发展。重点控制根腐病、枯萎病、锈病、豆荚螟、斜纹夜蛾、蓟马等病虫为害。

7.7 采 收

当嫩荚已饱满而种子痕迹尚未显露时，为采收适期。通常自开花后11天~13天为商品豆荚采收期。采收时，应按住豆荚基部，轻轻向左右转动，然后摘下。盛荚期每天采收1次，后期可隔天采收，以傍晚采收为宜。采时严防损伤花序上的其他花蕾，不能连花柄一起摘下。

8　水稻栽培技术要点

8.1　品种选择

根据不同轮作模式选择生育期适中、产量高、抗性强的适栽水稻良种。

8.2　播种及移栽

早稻播种时间在3月下旬，晚稻在6月播种。采用湿润育秧或旱育秧培育壮苗，早稻移栽秧龄控制在25天~30天，晚稻为20天~25天；根据品种及管理水平选择适宜的移栽密度，常规品种每亩插1.4万丛~1.8万丛，丛插2本~3本。杂交品种每亩插0.9万丛~1.0万丛，丛插1本。

8.3　大田肥水管理

8.3.1　早稻肥水管理

重施基肥，亩施45%的三元复合肥（N∶P∶K=15∶15∶15）35千克或25%复配肥45千克。早施促蘖肥，促使早发多分蘖，移栽后7天内结合化学除草亩施尿素5千克~10千克。穗肥在倒2叶露尖期亩施尿素7.5千克。前期遇晴暖天气宜浅水灌溉，提高水温、土温，促使早稻早发；遇阴雨天气后突然转晴，要灌水护苗，防御青枯死苗；遇冷空气侵袭或栽后大风时，应灌深水保护秧苗；在插秧后20天~25天，当全田苗数达到目标穗数85%~90%时排水晒田，倒2叶抽出期停止晒田，保持浅水层至抽穗。结实期田间水分管理做到干干湿湿，以根养叶，收获前5天~8天断水，防止早衰。

8.3.2　晚稻肥水管理

因前作豇豆栽培施肥量较大，豇豆收获后土壤中富余养分充足，土壤肥力较高，一般可不施肥；或结合除草看苗，在插秧后

5 天~8 天结合除草亩施尿素 5 千克、钾肥 5 千克。后期看苗补施穗肥，慎防贪青倒伏。适时做好排水搁田，促进根系发育，增强后期抗倒能力，力求高产。

8.4　病虫害防治

虫害主要有螟虫、稻飞虱、稻纵卷叶螟等；病害主要有纹枯病、稻瘟病和稻曲病等；在防治上需采用多种措施，减少病虫危害，使损失率控制在 5%以内，基本确保田间无大面积白穗和枯死面积。

9　肥料使用原则

施用肥料应符合 NY/T 496 的规定。禁止使用未经国家或省级农业部门登记的化肥和生物肥及有机肥料，不得使用未经过安全检测的肥料以及重金属含量超标的有机肥和矿质肥料。不得使用未达到无公害指标的工业废弃物和城市垃圾及有机肥料。

10　农药使用原则

对症优先选用生物农药，适当选择高效、低毒、低残留等环境友好型农药，合理混用、轮换交替使用不同作用机制或具有负交互抗性的药剂，克服和推迟病虫害抗药性的产生和发展。根据防治指标适期防治，选用合理的施药器械和施药方法，尽量减少农药使用次数和用药量，严格执行农药安全间隔期。

11　其他田间管理

长豇豆按照 NY/T 5079 执行；水稻按照 DB 33/T 680 执行。

12　生产记录

全程记录生产过程中气候条件、生育期、生长发育动态；各项投入品名称及使用时期、次数、数量、收获、产量、质量等，及时归档。档案保存时间不少于 2 年。

附 录 A
（资料性附录）

表 A.1　豇豆与水稻轮作栽培全程禁止或不建议使用农药名录

农药名称	禁用或不建议使用原因
三苯基氯化锡、三苯基醋酸锡、毒菌锡、氯化锡、氟化钙、氟化钠、氟乙酸钠、氟乙酰胺、氟铝酸钠、DDT、六六六、林丹、狄氏剂、五氯酚钠、硫丹、二溴乙烷、溴甲烷、氯化苦、甲拌磷、乙拌磷、久效磷、氧化乐果、杀扑磷、水胺硫磷、内吸磷、磷胺、甲基异柳磷、三唑磷、甲胺磷、乙酰甲胺磷、灭线磷、硫环磷、地虫硫磷、磷化钙、磷化镁、磷化锌、硫线磷、特丁硫磷、蝇毒磷、治螟磷、甲基对硫磷、对硫磷、苯线磷、甲基硫环磷、克百威、丁（丙）硫克百威、涕灭威、杀虫脒、五氯硝基苯、五氯苯甲醇、苯菌灵、草枯醚、百草枯、氯磺隆、甲磺隆、胺苯磺隆、除草醚、毒死蜱、氟虫腈、氟苯虫酰胺、2,4-滴丁酯、滴滴涕、毒杀芬、二溴氯丙烷、艾氏剂、敌枯双、甘氟、毒鼠强、毒鼠硅、杀鼠醚、杀鼠灵、敌鼠钠、溴鼠灵、三氯杀螨醇、汞制剂、砷类、铅类、所有拟除虫菊酯	剧毒、高毒、高残留、易药害、致癌、致畸、易药害、对生态环境影响大等

主要参考文献

[1] 潘磊，李依，余晓露，等．豇豆分子遗传学研究进展［J］．长江蔬菜，2014，24：1-13.

[2] 王素．豇豆的起源分类和遗传资源［J］．中国蔬菜，1989，6：49-52.

[3] 中国农学会遗传资源学会．中国作物遗传资源［M］．北京：中国农业出版社，1994.

[4] 王良仟，汪雁峰，浙江效益农业百科全书编辑委员会．浙江效益农业百科全书·豇豆［M］．北京：中国农业科学技术出版社，2004.

[5] 张静，彭海，陈禅友．分子标记在长豇豆遗传分析中的应用进展［J］．长江蔬菜，2010，16：1-5.

[6] Coulibaly S, Pasquet R S, Papa R, et al. AFLP analysis ofthe phenetic organization and genetic diversity of Vignaunguiculata L. Walp. reveals extensive gene flow betweenwild and domesticated types［J］. *Theor. Appl. Genet.*, 2002, 104: 358-366.

[7] Ba F S, Pasquet R S, Gepts P. Genetic diversity in cowpea［Vigna unguiculata（L.）Walp.］ as revealed by RAPDmarkers［J］. Genet. Resour. Crop Ev., 2004, 51: 539-550.

[8] 蒋光明．中国农业百科全书·蔬菜卷［M］．北京：中国农业出版社，1989.

[9] Ogunkanmi L A, Ogundipe O T, Ng N Q, et al. Geneticdiversity in wild relatives of cowpea（Vigna unguiculata）asrevealed by simple sequence repeats（SSR）markers［J］. *J. Food Agric. Environ*,

2008，6：263-268.

[10] 黄芸萍，王毓洪，陆袁波，等．加工型豇豆高效栽培模式及关键栽培技术［J］．浙江农业科学，2010，2：251-252.

[11] Eddep A, Amatobi C I. Relative resistance of some cowpea varieties to Callosobruchus maculates F.（Coleoptera：Bruchidae）［J］. *J. Sustain Agr.*，2000，17（2-3）：67-77.

[12] 何礼．我国栽培豇豆的遗传多样性研究及其育种策略的探讨［D］．成都：四川大学，2002.

[13] 王利斌，姜丽，石韵，等．气调对豇豆贮藏期效果的影响［J］．食品科学，2013，10：313-316.

[14] 刘楚岑，谭兴和，等．豇豆食品的开发现状与展望［J］．中国酿造，2017，10：13-16.

[15] 程晓东．丽水地区豇豆主要病虫害发生的监测预报和综合防治技术研究［D］．武汉：华中农业大学，2008.

[16] 聂风乔．蔬食斋随笔［M］．北京：中国商务出版社，1983.

[17] 陈文贵．豇豆——豆类蔬菜中的上品［J］．家庭中医药，2005，10：59.

[18] 熊海铮．豇豆遗传多样性及若干农艺性状关联分析［D］．杭州：浙江大学，2016.

[19] 郑燕文．豇豆 CAT 活性的研究［J］．安徽农业科学，2010，5：2 306-2 307，2 366.

[20] 传宏．补肾益气话豇豆［J］．家庭用药，2014，7：30.

[21] 瞿云明，谢建秋，等．浙江省丽水市杀虫抑菌植物［M］．北京：中国农业科学技术出版社，2017.

[22] 程文亮，李建良，何伯伟，等．浙江丽水药物志［M］．北京：中国农业科学技术出版社，2014.

[23] 丁潮洪，李汉美．丽水豆类蔬菜［M］．北京：科学技术文献出版社，2015.

[24] 陈晓红，邹志荣．温室蔬菜栽培连作障碍研究现状及防治措施［J］．陕西农业科学，2002，12：16-17，20.

[25] 郑军辉，叶素芬，喻景权．蔬菜作物连作障碍产生原因及生

物防治 [J]. 中国蔬菜，2004，3：57-59.

[26] 陈清，卢树昌. 果类蔬菜养分管理 [M]. 北京：中国农业大学出版社，2015.

[27] 喻景权，杜尧舜. 蔬菜设施栽培可持续发展中的连作障碍问题 [J]. 沈阳农业大学学报，2000，1：124-126.

[28] 张玉礼. 黄河三角洲架豆角"死苗"与"死棵"的无公害防治技术 [J]. 长江蔬菜，2009，23：34-35.

[29] 郭书普，汤海峰，耿继光，等. 豆类蔬菜病虫害防治原色图鉴 [M]. 合肥：安徽科学技术出版社，2004.

[30] 沈泓毅，赖廷锋，陆雪森. 豇豆苗期病害疑似病症的诊断和综合防治 [J]. 长江蔬菜，2013，5：52-53.

[31] 吕佩珂，刘文珍，段半锁，等. 中国蔬菜病虫原色图谱续集 [M]. 呼和浩特：远方出版社，1996.

[32] 陈伟达，刘琴，陈禅友. 豇豆锈病研究进展 [J]. 江汉大学学报（自然科学版），2016，6：509-513.

[33] 杨显芳，孔凡彬. 豇豆白粉病的发生规律及综合防治技术 [J]. 农技服务，2011，7：1 002.

[34] 王久兴，刘丽霞. 图说菜豆豇豆栽培关键技术 [M]. 北京：中国农业出版社，2010.

[35] 王就光，唐仁华，周国珍，等. 豆类蔬菜病虫害防治彩色图说 [M]. 北京：中国农业出版社，2004.

[36] 刘志龙，王连生. 长豇豆无公害生产技术 [M]. 北京：中国农业出版社，2005.

[37] 李金堂. 芸豆豇豆病虫害防治图谱 [M]. 济南：山东科学技术出版社，2010.

[38] 商鸿生，王凤葵，马青，等. 新编棚室蔬菜病虫害防治 [M]. 北京：金盾出版社，2006.

[39] 赵海棠，胡芝莲. 蔬菜病害生态图录与防治技术 [M]. 宁波：宁波出版社，1999.

[40] 范双喜. 现代蔬菜生产技术全书 [M]. 北京：中国农业出版社，2004.

［41］　虞轶俊．蔬菜病虫害无公害防治技术［M］．北京：中国农业
出版社，2003．

［42］　孟庆峰，杨劲松，姚荣江，等．碱蓬施肥对苏北滩涂盐渍土
的改良效果［J］．草业科学，2012，1：1-8．

［43］　杨小振，张显．设施栽培西瓜灌溉施肥技术研究进展［J］．中
国瓜菜，2014，S1：6-8．

［44］　赵恒栋，葛茂悦，王怀栋，等．我国三种主要蔬菜氮肥的利
用现状分析［J］．北方园艺，2017，5：151-155．

［45］　章力建，蔡典雄，武雪萍，等．农业立体污染综合防治理论
与实践·江河流域与平原卷［M］．杭州：浙江科学技术出版
社，2013．

［46］　郭晓飞，王琛．土壤盐渍化评价研究进展［J］．现代农业科
技，2015，7：213-215．

［47］　鲍士旦．土壤农化分析［M］．北京：中国农业出版社，2000．

［48］　刘峰，雷玲玲，刘慧芹，等．2265FS土壤原位电导仪测定结果
与土壤含盐量的关系［J］．湖北农业科学，2014，13：
3 167-3 169．

［49］　车永梅，刘香凝，肖培连，等．酿酒葡萄品种耐盐性的研究
［J］．北方园艺，2015，23：18-22．

［50］　蒋乔峰，陈静波，宗俊勤，等．盐胁迫下磷素对沟叶结缕草
生长及 Na^+ 和 K^+ 含量的影响［J］．草业学报，2013，3：
162-168．

［51］　张文洁，丁成龙，沈益新，等．沿海滩涂地区不同栽培措施
对禾本科牧草产量及品质的影响［J］．草地学报，2012，2：
318-323．

［52］　文方芳，金强，梁金凤，等．设施土壤次生盐渍化的评价与
防治［J］．中国农技推广，2013，1：40-42．

［53］　习斌，张继宗，翟丽梅，等．甜玉米作为填闲作物对北方设
施菜地土壤环境及下茬作物的影响［J］．农业环境科学学报，
2011，1：113-119．

［54］　王金龙，阮维斌．种填闲作物对天津黄瓜温室土壤次生盐渍

化改良作用的初步研究 [J].农业环境科学学报，2009，9：
1 849-1 854.

[55] 蔺海明，贾恢先，张有福，等．毛苕子对次生盐碱地抑盐效
应的研究 [J].草业学报，2003，4：58-62.

[56] 文方芳，韩宝，于跃跃，等.4 种填闲作物对设施菜田土壤次
生盐渍化的改良效果 [J].中国农技推广，2015，4：44-46.

[57] 魏晓明，赵银平，杨瑞平．设施西瓜连作障碍及防治措施研
究进展 [J].中国瓜菜，2016，9：1-5.

[58] 辛明亮，何新林，吕廷波，等．土壤可溶性盐含量与电导率
的关系实验研究 [J].节水灌溉，2014，5：59-61.

[59] 黄志君，陶笑，袁建玉．设施茄果类蔬菜连作障碍的克服与
生态修复技术 [J].中国瓜菜，2006，6：47-48.

[60] 杨凤娟，吴焕涛，魏珉．轮作与休闲对日光温室黄瓜连作土
壤微生物和酶活性的影响 [J].应用生态学报，2009，12：
2 983-2 988.

[61] 武际．水旱轮作条件下秸秆还田的培肥和增产效应 [D].武
汉：华中农业大学，2012.

[62] 李小荣，王连生，石江．浙西南地区春播长豇豆无公害高效
栽培 [J].蔬菜，2005，8：16-17.

[63] 浙江勿忘农种业股份有限公司．晚籼稻品种中浙优 8 号 [J].
浙江农业科学，2013，3：356.

[64] 李卓玺，吴涛，宋艳霞，等．儿菜高产栽培技术 [J].四川农
业科技，2012，10：24.

[65] 应林火．露地蔬菜周年多茬高效种植模式长豇豆—西瓜—抱
子芥（儿菜）[J].中国果菜，2012，10：12-13.

[66] 范章华．川农儿菜栽培技术要点 [J].江西农业科技，2004，
8：29-30.

[67] 赵尊练，杨广君，巩振辉，等．克服蔬菜作物连作障碍问题
之研究进展 [J].中国农学通报，2007，12：278-282.

[68] 童有为，陈淡飞．温室土壤次生盐渍化的形成和治理途径研
究 [J].园艺学报，1991，2：159-162.

[69]　胡繁荣. 设施蔬菜连作障碍原因与调控措施探讨 [J]. 金华职业技术学院学报, 2005, 2: 18-22.

[70]　田丽萍, 王祯丽, 陶丽琼. 大棚蔬菜连作障碍原因与防治措施 [J]. 石河子大学学报 (自然科学版), 2000, 2: 159-163.

[71]　李登绚, 张红霞, 贺宏伟. 保护地辣椒疫病的发生规律及无公害防治技术 [J]. 辣椒杂志, 2005, 3: 327-28.

[72]　党建友, 陈永杰, 雷振宇. 两种有机肥及氮磷钾配施对塑料大棚番茄产量的影响 [J]. 陕西农业科学, 2006, 1: 28-29.

[73]　郭文龙, 党菊香, 吕家珑, 等. 不同年限蔬菜大棚土壤性质演变与施肥问题研究 [J]. 干旱地区农业研究, 2005, 1: 85-89.

[74]　朱林, 张春兰, 沈其荣. 施用稻草等有机物料对连作黄瓜根系活力、硝酸还原酶、ATP 酶活力的影响 [J]. 中国农学通报, 2002, 1: 17-19.

[75]　赵尊练, 史联联, 阎玉让, 等. 克服线辣椒连作障碍的施肥方案研究 [J]. 干旱地区农业研究, 2006, 5: 77-81.

[76]　宋述尧. 玉米秸秆还田对塑料大棚蔬菜连作土壤改良效果研究 (初报) [J]. 农业工程学报, 1997, 1: 135-139.

土壤消毒试验

土壤次生盐渍化调查

豇豆—水稻轮作中水稻生长

茭白—豇豆轮作中茭白生长

C_4 作物除盐试验播种

生物除盐田间调查

C₄作物田间长势

生物除盐现场会

技术培训

发送技术书籍